Diseño 3D en MasterCAM

División de Ingeniería Industrial

Ing. Daniel Guzmán Pedraza

MII. Gustavo I. del Ángel Flores

Ing. Manuel A. Rosales Montiel

Instituto Tecnológico Superior de Tantoyuca

Copyrigth © Daniel Guzmán Pedraza, 2016

All rigths reserved.

ISBN-13: 978-1546704706

ISBN-10: 1546704701

Primera edición

México, 2016

Copyrigth © 2016 Daniel Guzmán Pedraza

All rigths reserved.

ISBN-13: 978-1546704706

ISBN-10: 1546704701

Primera edición

México, 2016

Agradecimientos:

A mi familia por su apoyo incondicional, al Instituto Tecnológico Superior de Tantoyuca por brindarme la oportunidad de pertenecer a este gran equipo de profesionales de nivel superior, desde marzo del 2003 como docente de la materia de Diseño Asistido por Computadora y Manufactura Asistida por Computadora, con lo cual no hubiese podido dedicar mi esfuerzo al desarrollo de este libro, a los estudiantes que con su retroalimentación motivaron a la creación de este documento y a todas las personas que contribuyen a mi formación profesional.

Créditos:

Instituto Tecnológico Superior de Tantoyuca.

ÍNDICE

1.- Definición de MasterCam. 1

2.- Introducción. 2

3.- INTRODUCCIÓN A CAD, CAM, CNC, VENTAJAS Y DESVENTAJAS. 4

    3.1.- Introducción al CAD/CAM. 4

    3.2.- CAD/CAM en el proceso de diseño y fabricación. 7

    3.3.- Desarrollo histórico. 9

    3.4.- Componentes del CAD/CAM. 11

    3.5.- El CAD/CAM desde el punto de vista industrial. 13

    3.6.- Beneficios del CAM. 14

    3.7.- Software más utilizado para el diseño CAM. 15

4.- FUNDAMENTOS GENERALES DEL SOFTWARE MASTER CAM X2. 17

    4.1.- Fundamentos generales del software. 17

        4.1.1 Hardware. 17

        4.1.2 Software. 18

        4.1.3 Ambiente de pantalla Master CAM X2 (Ver figura 3). 18

        4.1.4 Utilización del mouse. 19

        4.1.5 Uso de teclas de función. 20

    4.2.- Interface de MASTER CAM X2. 21

        4.2.1 Formas básicas. 21

        4.2.2 Menú "Crear Líneas". 22

        4.2.3 Menú "Crear Círculos". 24

        4.2.4 Menú "Crear rectángulos y Similares". 26

        4.2.5 Menú "Ajustar/Romper/Extender" 28

        4.2.6 Menú "Borrar". 30

        4.2.7 Forma sólidas 31

        4.2.8 Menú "Editar Solidos y Similares". 33

        4.2.9 Menú "Editar Sólidos/ Parte Visible-Shade". 34

        4.2.10 Menú "Tipo de Vistas". 35

    4.3.- Menús Auxiliares. 36

        4.3.1 Menú "Deshacer/Recuperar" figura 14. 36

        4.3.2 Menú "Tipo de Vistas" figura 15. 37

4.3.3   Menú "Ajustes de Pantalla" figura 16. 38
5.-   DISEÑO 3D. 41
  5.1.- Práctica 1. Logotipo HP. 41
  5.2.- Practica 2. Brazo Oscilante. 50
  5.3.- Práctica 3. Soporte Brida. 64
  5.4.- Práctica 4. Marca Registrada Logo Warner Bros. 78
  5.5.- Practica 5. Marca Registrada Logo Hartford Whalers. 91

1.- DEFINICIÓN DE MASTERCAM.

MasterCAM, es un software de diseño que contiene múltiples herramientas que permiten la realización de funciones avanzadas y complejas, para desarrollar diseños en 2D y 3D, con la presión necesaria para poder llevar a cabo ese diseño en una pieza en forma física mediante la fresadora a la cual esté conectada.

MasterCAM, proporciona una interfaz interactiva, ya que mediante los comandos que se encuentran en los múltiples menús, permiten la creación de líneas básicas, para poder generar una pieza compleja, hasta llegar a un ensamblado de un conjunto de ellas. Son funciones que facilitan el desarrollo de proyectos, ya que con un solo software se pueden tener varias características y con ello un ahorro de tiempo.

Es importante señalar que este tipo de software es una herramienta que facilita en gran medida la realización de los programas a ejecutarse en la maquina fresadora, es decir cada vez que uno realice un diseño en 3D, así como la programación del mecanizado de la misma este software genera el documento que proporciona cada una de las ordenes a realizar, antes se deben de seguir unas cuantas operaciones que ayuden a identificar de qué tipo de maquina fresadora se está hablando, para que genere el programa lo más cercano posible, a la maquina con la que se está elaborando.

2.- INTRODUCCIÓN.

Desde la antigüedad el diseño ha estado presente en nuestra sociedad, tal es el caso de las pinturas rupestres, las pirámides de Gizan en Egipto[1] o las pirámides de Teotihuacán en México[2], cada una de estas arquitecturas antiguas se han realizado teniendo en cuenta las tres dimensiones alto, largo y ancho, aunque tenían poca tecnología lograron la construcción de magníficas edificaciones, lo que en su tiempo se podría pensar imposible.

Como se relata en estos dos casos anteriores existe el diseño ya se comenzaba a utilizar aunque de manera poco profesional, pero existía conocimiento de él, lo que da la perspectiva de como el diseño y la escritura han ido evolucionando de manera que hasta la fecha se han realizado softwares que permiten realizar diseño en 2 y 3 dimensiones y lo que es aún mejor se realizan en el menor tiempo posible ya que ellos trabajan mediante algoritmos, patrones, datos recabados, entre muchas características que los vuelven mucho más completos, lo que ha favorecido a los creadores de diseños, porque si antes se tardaban en un plano arquitectónico o un plano de alguna pieza automotriz dependiendo del grado de complejidad un día o días, hoy en día se podrían tardar hasta unas horas, lo que ha disminuido el trabajo de miles de horas y con una precisión mayor.

Cada una de las actividades que se realizan hoy en día facilita a las empresas constructoras, o de diseño a realizar diseños más complejos y detallados con las características y exigencias del cliente.

Cabe señalar que no solo softwares de diseño ha evolucionado si no todos los softwares que sirven para la simulación, el cálculo de valores, la conversión de un valor en otro, entre una amplia gama de softwares que existen en el mercado.

---

[1] Recuperado de https://es.wikipedia.org/wiki/Gran_Pir%C3%A1mide_de_Guiza

[2] Recuperado de https://es.wikipedia.org/wiki/Teotihuacan

Si bien el avance tecnológico ha significado un gran cambio en la concepción del diseño, ha contribuido a que cada día uno como consumidor sea más exigente con las funciones que nos ofrecen softwares de este tipo.

3.- INTRODUCCIÓN A CAD, CAM, CNC, VENTAJAS Y DESVENTAJAS.

3.1.- Introducción al CAD/CAM.

El CAD/CAM, es el proceso en el cual se utilizan las computadoras para mejorar la fabricación, desarrollo y el diseño de los productos. Estos pueden fabricarse más rápido, con mayor precisión y a menor precio, con la aplicación adecuada de tecnología informática. Esta disciplina se ha convertido en un requisito indispensable para la industria actual que se enfrenta a la necesidad de mejor calidad, disminuir los costes, acortar los tiempos de diseño y producción. Los recientes avances en las tecnologías de la información han hecho posible la aparición de numerosas aplicaciones informáticas que facilitan en forma considerable las operaciones de diseño (José Alfredo Barrera Durango, 2003).

Los sistemas de Diseño Asistidos por Computadora (CAD, del acrónimo en inglés de *Computer Aided Design*), se trata de la tecnología implicada en el uso de ordenadores que puede utilizarse para generar modelos con muchas, si no todas, las características de un determinado producto. Estas características podrían ser el tamaño, el contorno y la forma de cada componente, estos son almacenados como dibujos bidimensionales o tridimensionales. Una vez que estos datos dimensionales han sido introducidos y almacenados en el sistema informático, el diseñador puede analizar, manipular o modificar, las ideas del diseño con mayor facilidad para avanzar en el desarrollo del producto. Los sistemas CAD también permiten simular el funcionamiento de un producto. De esta forma, cualquier aplicación que incluya una interfaz gráfica y realice alguna tarea de ingeniería se considera un software CAD. El termino CAD se puede definir como el uso de sistemas informáticos en la creación, modificación, análisis u optimización de un producto, cuando los sistemas CAD se conectan a equipos de fabricación también controlados por ordenador conforman un sistema integrado

CAD/CAM (CAM del acrónimo en inglés de Computer Aided Manufacturing), (Lino Ruiz, 2007).

El termino CAM se puede definir como el uso de sistemas informáticos para la planificación, gestión y control de las operaciones de una planta de fabricación mediante una interfaz directa o indirecta entre el sistema informático y los recursos de producción. Por lo general los equipos CAM conllevan la eliminación de errores del operador y la reducción de los costes de mano de obra. Sin embargo, la precisión constante y el uso óptimo previsto del equipo representan ventajas aún mayores (Iván Escalona, 2009). Las aplicaciones de CAM se dividen en dos categorías:

- *Interfaz directa*: son aplicaciones en las que el ordenador se conecta directamente con el proceso de producción para monitorizar su actividad y realizar tareas de supervisión y control. Así pues estas aplicaciones se dividen en dos grupos:

    o Supervisión: implica un flujo de datos del proceso de producción al computador con el propósito de observar el proceso y los recursos asociados y recoger datos.

    o Control: supone un paso más allá que la supervisión, ya que no solo se observa el proceso, sino que se ejerce un control basándose en dichas observaciones.

- *Interfaz indirecta*: Se trata de aplicaciones en las que el ordenador se utiliza como herramienta de ayuda para la fabricación, pero en las que no existe una conexión directa con el proceso de producción.

Los equipos de CAM se basan en una serie de códigos numéricos, almacenados en archivos informáticos, para controlar las tareas de fabricación. Este Control Numérico por Computadora (CNC) se obtiene describiendo las operaciones de la máquina en términos de los códigos especiales y de la geometría de formas de los componentes, creando archivos informáticos especializados o programas de piezas. La creación de estos programas de piezas es una tarea que, en gran medida, se realiza hoy en día por software informático especial que crea el vínculo entre los sistemas CAD y CAM.

Las características de los sistemas CAD/CAM son aprovechadas por los diseñadores, ingenieros y fabricantes para adaptarlas a las necesidades específicas de sus situaciones. Por ejemplo, un diseñador puede utilizar el sistema para crear rápidamente un primer prototipo y analizar la variabilidad de un producto. La gama de prestaciones que se ofrecen a los usuarios de CAD/CAM está en constante expansión. Los fabricantes de indumentaria pueden diseñar el patrón de una prenda en un sistema CAD, patrón que se sitúa de forma automática sobre la tela para reducir al máximo el despilfarro de material y emplear una variedad de máquinas CNC, combinadas para producirlo. La Manufactura Integrada por Computadora (acrónimo del inglés *Computer Integrated Manufacturing*) aprovecha plenamente el potencial de esta tecnología al combinar una amplia gama de actividades asistidas por computadora, que pueden incluir el control de existencias, cálculo de costos de materiales y el control total de cada proceso de producción. Esto ofrece una mayor flexibilidad al fabricante, permitiendo a la empresa responder con mayor agilidad a las demandas del mercado y al desarrollo de nuevos productos (Julio Alberto, Correa, 2010).

La futura evolución incluirá la integración aún mayor de sistemas de realidad virtual, que permitirá a los diseñadores interactuar con los prototipos virtuales de los productos mediante la computadora, en lugar de tener que construir costosos modelos o simulaciones para comprobar su viabilidad. También el área de prototipos rápidos es una evolución de las técnicas de CAD/CAM, en la que las imágenes informatizadas tridimensionales se convierten en modelos reales empleando equipos de fabricación especializada.

3.2.- CAD/CAM en el proceso de diseño y fabricación.

Cuando los sistemas CAD se conectan a equipos de fabricación también controlados por ordenador conforman un sistema integrado CAD/CAM. En la práctica, el CAD/CAM se utiliza de distintas formas, para producción de dibujos y diseño de documentos, animación por computador, análisis de ingeniería, control de procesos, control de calidad, etc. Por tanto, para clarificar el ámbito de las técnicas CAD/CAM, las etapas que abarca y las herramientas actuales y futuras, se hace necesario estudiar las distintas actividades y etapas que deben realizarse en el diseño y fabricación de un producto. Para referirnos a ellas emplearemos el termino Ciclo de producto (Fig. 1 Ciclo producto típico).

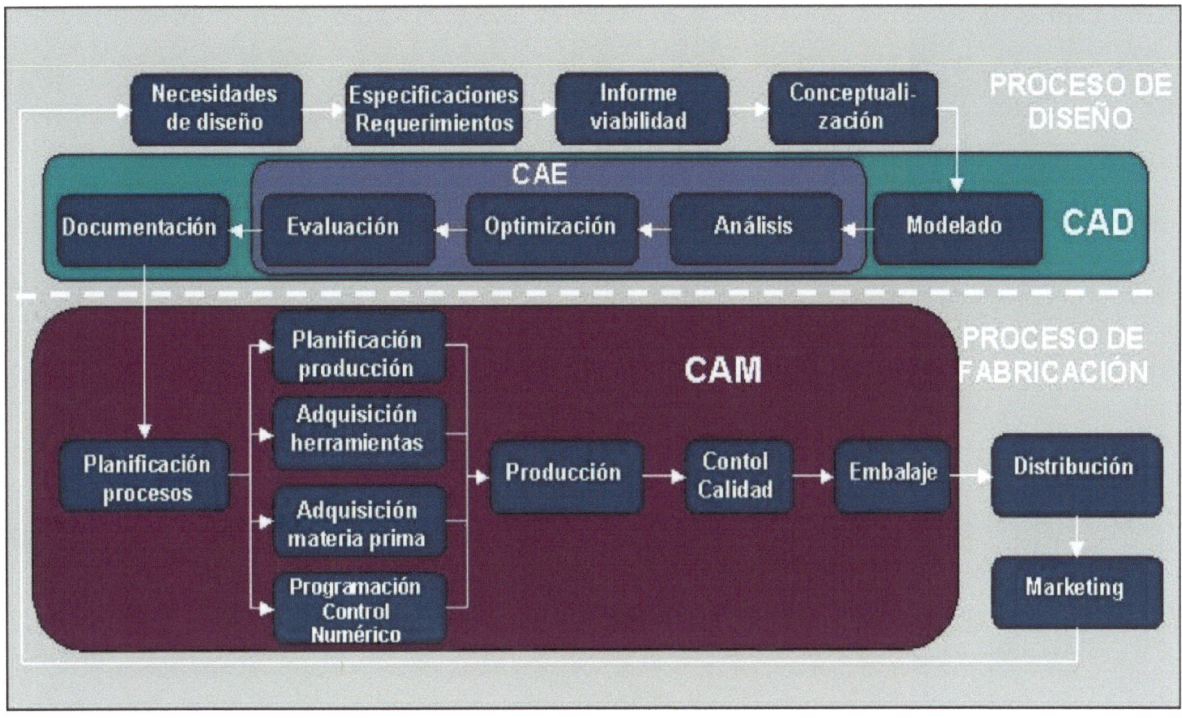

Figura 1. Ciclo del Producto Típico.

Para convertir un concepto o idea en un producto, se pasa por dos procesos principales, el de diseño y el de fabricación. A su vez, el proceso de diseño se puede dividir en una etapa de síntesis, en la que se crea el producto y una etapa de análisis en la que se verifica, optimiza y evalúa el producto creado. Una vez finalizadas estas etapas se aborda la etapa de fabricación en la que, en primer lugar se planifican los procesos a realizar y los recursos necesarios, pasando después a la fabricación del producto. Como último paso se realiza un control de calidad del producto resultante antes de pasar a la fase de distribución y marketing. Mediante el uso de técnicas de CAD/CAM se consigue abaratar costos, aumentar la calidad y reducir el tiempo de diseño y producción.

3.3.- Desarrollo histórico.

En la historia del CAD/CAM se puede encontrar precursores de estas técnicas en dibujos de civilizaciones antiguas como Egipto, Grecia o Roma. Los trabajos de *Leonardo da Vinci* muestras de técnicas CAD actuales como el uso de perspectivas. Sin embargo, el desarrollo de estas técnicas está ligado a la evolución de las computadoras que se produce partir de los años 50.

A principios de la década de 1950 aparece la primera pantalla gráfica en el Instituto Tecnológico de Massachusetts (MIT), capaz de representar dibujos simples en forma no interactiva. En esta época y también en el MIT se desarrolla el concepto de programación de control numérico, A mediados de esta década aparece el lápiz óptico que supone el inicio de los gráficos interactivos. A finales de la década aparecen las primeras máquinas herramienta y *General Motors* comienza a usar técnicas basadas en el uso interactivo de gráficos para sus diseños.

La década de los 60 representa un periodo crucial para el desarrollo de los gráficos por ordenador. Aparece el termino CAD y varios grupos de investigación dedican gran esfuerzo a estas técnicas. Fruto de este esfuerzo es la aparición de unos pocos sistemas de CAD. Un hecho determinante de este periodo es la aparición comercial de pantallas de ordenador.

En la década de los 70 se consolidan las investigaciones anteriores y la industria se percata del potencial del uso de estas técnicas, lo que lanza definitivamente la implementación y uso de estas técnicas, lo que lanza definitivamente la implantación y uso de estos sistemas, limitada por la capacidad de los ordenadores de esta época. Aparecen los primeros sistemas 3D (Prototipos), sistemas de modelado de elementos finitos, control numérico, etc.

En la década de los 80 se generaliza el uso de las técnicas CAD/CAM propiciada por los avances en hardware y la aparición de aplicaciones en 3D capaces de manejar superficies complejas y modelado sólido. Aparecen multitud de aplicaciones en todos los campos de la industria que usan técnicas de CAD/CAM, y se empieza a hablar de realidad virtual.

La década de los 90 se caracteriza por una automatización cada vez más completa de los procesos industriales en los que se va generalizando la integración de las diversas técnicas de diseño, análisis, simulación y fabricación. La evolución del hardware y las comunicaciones hace posible que la aplicación de técnicas CAD/CAM está limitada tan solo por la imaginación de los usuarios. En la actualidad, el uso de estas técnicas ha dejado de ser una opción dentro del ámbito industrial, para convertirse en la única opción existente. El CAD/CAM es una tecnología de supervivencia. Solo aquellas empresas que lo usan de forma eficiente son capaces de mantenerse en un mercado cada vez más competitivo.

3.4.- Componentes del CAD/CAM.

Los fundamentos de los sistemas de diseño y fabricación asistidos por computadora son muy amplios, abarcando múltiples y diversas disciplinas (Ver Figura 2. Componentes del CAD/CAM.), entre las que cabe destacar las siguientes (Julio Alberto Correa, 2010);

- **Modelado geométrico**: Se ocupa del estudio de métodos de representación de entidades geométricas. Existen tres tipos de modelos: alámbricos, de superficies y sólidos, y su uso depende del objeto a modelar y la finalidad para lo que se construya el modelo. Se utilizan modelos alámbricos para modelar perfiles, trayectorias, redes, u objetos que no requieran la disponibilidad de propiedades físicas (áreas, volúmenes, masa). Los modelos de superficie se utilizan para modelar objetos como carrocerías, fuselajes, zapatos, personajes, donde la parte fundamental del objeto que se está modelando es el exterior del mismo. Los modelos sólidos son lo que más información contienen y se usan para modelar piezas mecánicas, envases, moldes y en general, objetos en los que es necesario disponer de información relativa a propiedades físicas como masas, volúmenes, centro de gravedad, momentos de inercia, etc.

- **Técnicas de visualización**: son esenciales para la generación de imágenes del modelo. Los algoritmos usados dependerán del tipo de modelo, abarcando desde simples técnicas de dibujo 2D para la visualización de un esquema, hasta la visualización realista.

- **Técnicas de interacción gráfica**: Son el soporte de la entrada de información geométrica del sistema de diseño. Entre ellas, las técnicas de posicionamiento y selección tienen una especial relevancia. Las técnicas de posicionamiento se utilizan para la introducción de coordenadas en 2D y 3D.

Las técnicas de selección permiten la identificación interactiva de un componente del modelo, siendo por lo tanto esenciales para la edición del mismo.

- **Interfaz de usuario**: Uno de los aspectos más importantes, de una aplicación CAD/CAM es su interfaz. Del diseño de la misma depende en gran medida la eficiencia de la herramienta.

- **Base de datos**: Es el soporte para almacenar toda la información del modelo, desde los datos del diseño, los resultados de los análisis que se realicen y la información de fabricación que deben de soportar.

- **Métodos numéricos**: Son la base de los métodos de cálculo empleados para realizar las aplicaciones de análisis y simulación típicas de los sistemas CAD/CAM.

- **Conceptos de fabricación**; Referentes a máquinas, herramientas y materiales, necesarios para entender y manejar ciertas aplicaciones de fabricación y en especial la programación de control numérico.

- **Conceptos de comunicaciones**: Necesarios para interconectar todos los sistemas, dispositivos y máquinas de un sistema CAD/CAM.

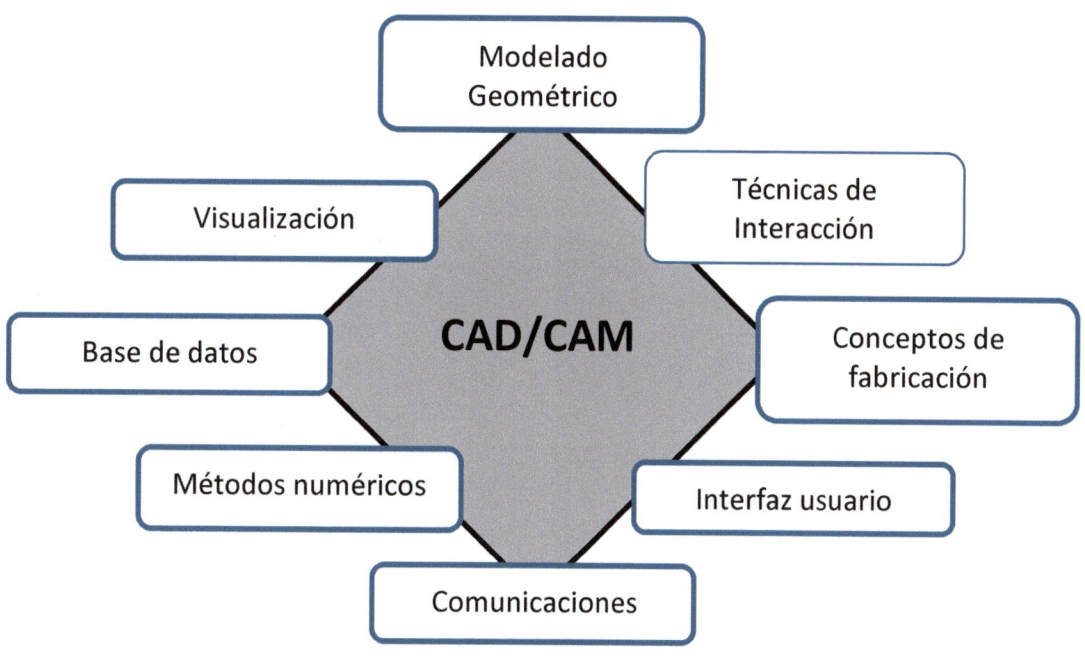

Figura 2. Componentes del CAD/CAM.

3.5.- El CAD/CAM desde el punto de vista industrial.

Históricamente, el CAD/CAM es una tecnología, (tanto hardware como el software) guiada por la industria. Las industrias aeroespacial, de automoción, y naval principalmente, han contribuido al desarrollo de estas técnicas. Por lo tanto, el conocimiento de cómo se aplican las técnicas CAD/CAM en la industria es fundamental para la comprensión de las mismas.

La mayoría de las aplicaciones diferentes módulos entre los que están modelando geométrico, herramientas de análisis, de fabricación y módulos de programación que permiten personalizar el sistema.

3.6.- Beneficios del CAM.

Los beneficios de CAM incluyen un plan de manufactura correctamente definido que genera los resultados de producción esperados (José Eduardo Aguirre Aguirre, Marzo del 2005).

- Los sistemas CAM pueden maximizar la utilización de la amplia gama de equipamiento de producción, incluyendo alta velocidad, 5 ejes, máquinas multifuncionales y de torneado, maquinado de descarga eléctrica (EDM), y inspección de equipo CMM.

- Los sistemas CAM pueden ayudar a la creación, verificación y optimización de programas NC para una productividad óptima de maquinado, así como automatizar la creación de documentación de producción.

- Los sistemas CAM avanzados, integrados con la administración del ciclo de vida del producto (PLM) proveen planeación de manufactura y personal de producción con datos y administración de procesos para asegurar el uso correcto de datos y recursos estándar.

- Los sistemas CAM y PLM pueden integrarse con sistemas DNC para entrega y administración de archivos a máquinas de CNC en el piso de producción.

3.7.- Software más utilizado para el diseño CAM.

En el Mercado existen una gran cantidad de sistemas (Software) de CAD/CAM, y dependiendo de la necesidad y presupuesto de cada. Taller de Maquinados es el tipo de Software de CAD/CAM requerido. El Costo de un software de CAD/CAM puede variar de 2,000 hasta más de 100,000 USD. Algunos de los paquetes comerciales de CAD/CAM más utilizados son (Automatización de Sistemas de Manufactura. Emilio García Moreno, Edi. Alfaomega):

- Edgecam
- WorkNC
- Vericut
- Solidworks
- Camlink
- Xcam
- Pro Manufacture
- Teksoft
- Anvril 5000
- Anvil 5
- Unigraphics
- Surfcam
- Hypermill
- Camworks
- MazaCam
- GMS
- FastSOLID

4.- FUNDAMENTOS GENERALES DEL SOFTWARE MASTER CAM X2.

4.1.- Fundamentos generales del software.

Para trabajar con el software MasterCAM X2, debe estar previamente instalado en el disco duro de la computadora. La serie MasterCAM requiere una computadora cumpla por lo menos las siguientes especificaciones para su correcta instalación:

4.1.1 Hardware.

- Cumplir con los requerimientos mínimos del sistema
    - Procesador: 1.5 GHz 32-bit o 64-bit
    - Sistema Operativo: Windows XP, Windows Vista, Windows 7, incluyendo la última actualización de NET 2.0 framework. Memoria: 1GB (mínimo).
    - Tarjeta Gráfica: 128 MB OpenGL-compatible
    - Espacio Disco Duro: 1.7 GB disponible (mínimo).
    - Monitor: 1024 X 768 pixel resolución (mínimo) o (1280 X 1024 recomendado).
- Disco de instalación del software o Memoria USB

IMPORTANTE: Consulte su documentación sobre Microsoft Windows para determinar la cantidad de espacio libre en su disco duro. Esta información le ayudará a escoger una de las tres opciones durante la instalación del software.

4.1.2 Software.

Deberá disponer de Windows 98, Windows 2000, Windows NT, XP (Professional) o Windows 7 en su PC para poder trabajar con Master CAM. Asegúrese de tener su sistema operativo Windows configurado correctamente antes de instalar y/o operar con cualquier producto Master CAM.

Una vez instalado el software siga los siguientes pasos para abrirlo:

- Encienda la computadora.
- Deslice el mouse sobre el menú de **INICIO.**
- Seleccionar el icono **Master CAM X2** dándole doble clic izquierdo.

4.1.3 Ambiente de pantalla Master CAM X2 (Ver figura 3).

1. Menú principal
2. Barra de herramientas
3. Punto de origen
4. Plano de construcción
5. Estilos de línea
6. Unidad de línea
7. Barra de herramientas variable 1
8. Barra de herramientas variable 2
9. Barra de herramientas variable 3

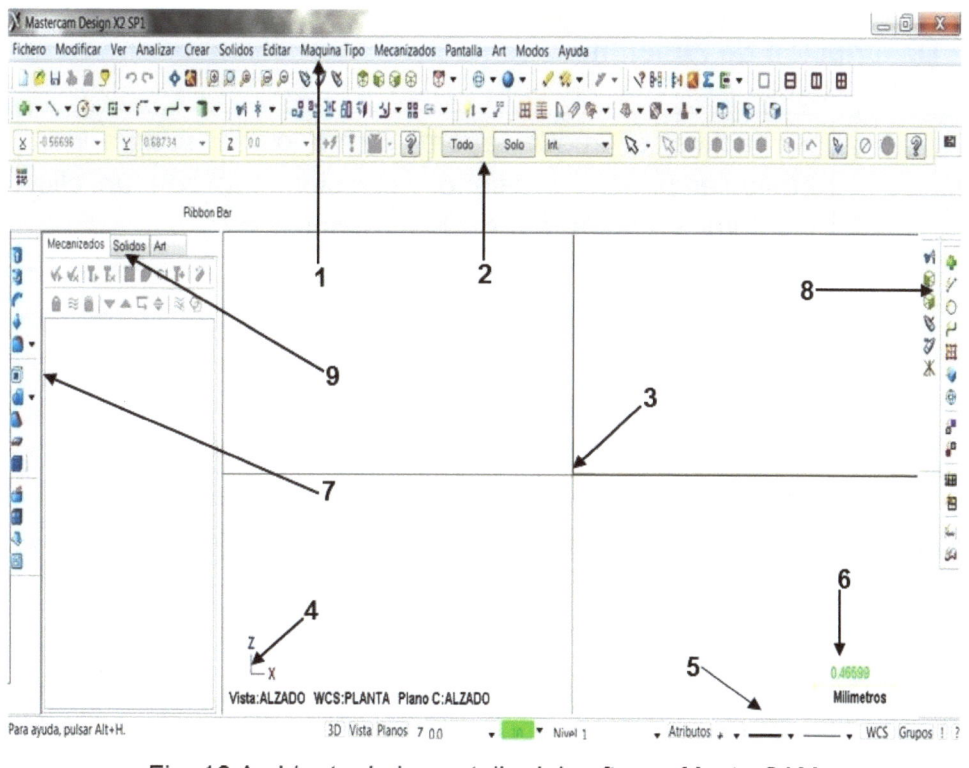

Figura 3. Ambiente de la pantalla del software Master CAM

4.1.4 Utilización del mouse.

En Master CAM X2 los botones del mouse realizan funciones predeterminadas, estas son:

- **Clic Izquierdo.** Este botón se usa frecuentemente, permite seleccionar y ejecutar operaciones con un solo clic.
- **Clic Derecho.** Puede ser usado como complemento del botón izquierdo, confirmando las selecciones.

4.1.5 Uso de teclas de función.
Tabla 1. Descripción de Funciones.

F1	Se activa el modo zoom centrado para agrandar cualquier parte del diseño, seleccionando con un clic izquierdo en la parte a explorar del diseño.
F3	Se presiona **F3** se activa el modo zoom 20% se teclea **F1** va disminuyendo el tamaño del diseño.
F4 + Clic	Se activa el modo **Seleccionar Entidades a analizar**, posteriormente se selecciona con un Clic izquierdo la entidad deseada.
F5 + Enter	Con **F5** se activa el modo Seleccionar Entidades, posteriormente se le da Enter y se eliminan las entidades seleccionadas.
F9	Se activa/desactiva modo de ejes de trabajo.
Shift + Fin	Se presiona Shift y Fin se activa el modo rotar.
Re pag	Se teclea varias veces Repág aumenta el tamaño del diseño.
Av pag	Se tecle varias veces Avpág Disminuye el tamaño del diseño.
Esc	Cancelar operaciones o comandos que se hayan activado.

4.2.-Interface de MASTER CAM X2.

A continuación se menciona la función de los iconos que integran el menú principal de la pantalla. Dentro del interface **MASTER CAM X2** se encuentran diferentes tipos de íconos que representan los comandos más utilizados, se pueden seleccionar un ícono en lugar de seleccionar un comando de los menús despegables. Varios de los íconos tienen a su vez algunos íconos ocultos, para visualizarlos solamente hay que seleccionar el ícono y con un clic sostenido del mouse se mostrara. Para leer la descripción de los íconos basta con que pase el puntero de mouse sobre algunos de ellos.

4.2.1 Formas básicas.

De lo descrito en el pararrayo anterior se pueden ejemplificar con los iconos de la figura 4:

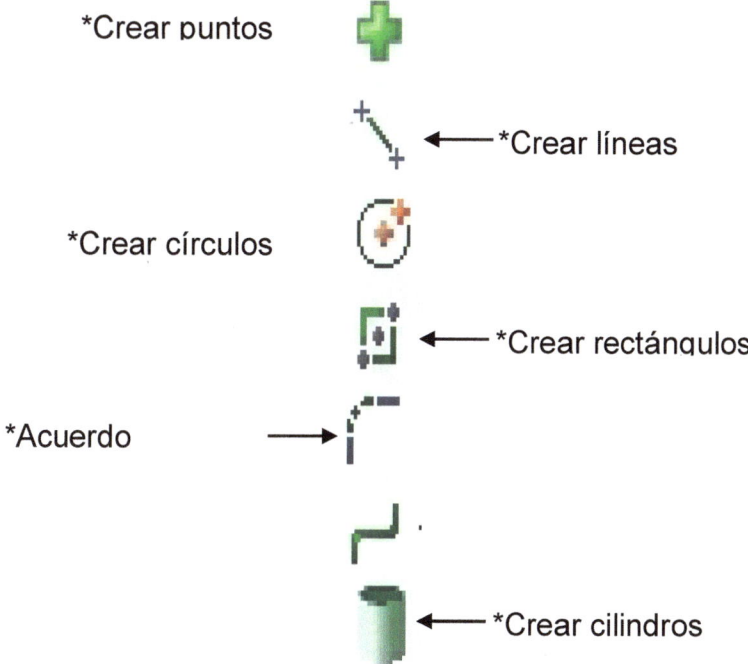

Figura 4. Íconos de funciones o comandos básico.

Nota: Los nombres de los íconos marcados con "*" contiene uno o más íconos, para seleccionar alguno de los íconos ocultos mantenga presionado el botón izquierdo del mouse se despliegan los íconos y seleccionar el ícono que desea.

4.2.2 Menú "Crear Líneas".

El Primer Menú a describir, es el de "Crear Líneas", en el cual se pueden observar más comandos que se pueden utilizar a la hora de realizar un diseño (ver figura 5).

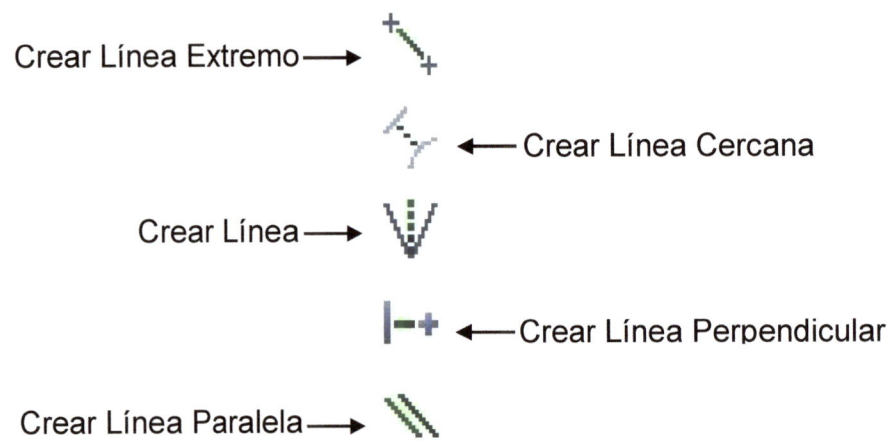

Figura 5. Iconos del menú "Crear Líneas"

Tabla 2. Descripción de las funciones.

	Crear Línea Extremo	Crear línea extremo que aquella que se encuentra más próximo a la zona que haya seleccionado. Selecciona una superficie, el sistema entrará el extremo de la esquina más cercana.
	Crear Línea Cercana	Crear una línea cercana se crea más corto entre dos curvas (línea, arcos o splines) o entre una curva y un punto.
	Crear Línea Bisectriz	Crea una línea bisectriz ésta divide por la mitad el ángulo formado por dos líneas que interceptan. Si las líneas seleccionadas no interceptan físicamente, el sistema calcula su intersección teórica para poder crear la línea bisectriz.
	Crear Línea Perpendicular	Crea una línea perpendicular que tiene una longitud definida y que es perpendicular a una línea.
	Crear Línea Paralela	Crear línea paralela a la línea seleccionada. El sistema creará la nueva línea usando la misma longitud que la línea de referencia.

4.2.3 Menú "Crear Círculos".

El segundo menú (ver figura 6) a describir es el que se utiliza para "Crear Círculos", en el cual se encuentran más comandos que se pueden utilizar.

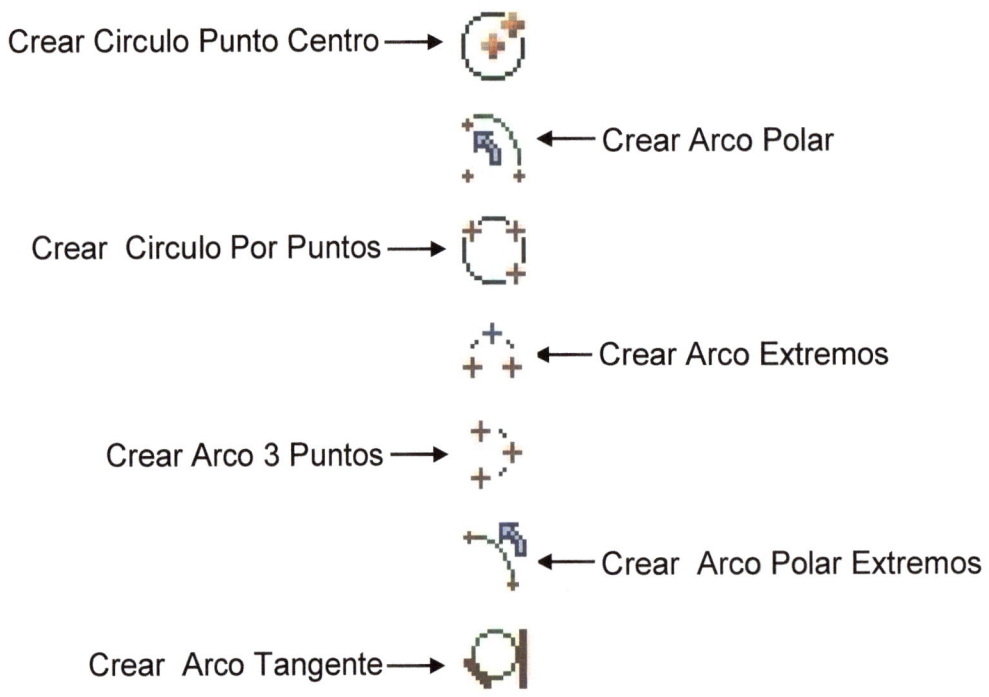

Figura 6. Iconos del menú "Crear Círculos"

Tabla 3. Descripción de las funciones.

⊕	Crear Circulo Punto Centro	Crea un círculo o un arco a partir de la definición del centro y la determinación del radio.
	Crear Arco Polar	Crear un círculo o arco. Cuando se transforma un círculo en un arco el sistema pregunta por los dos puntos que limitan el arco.

	Crear Circulo Por Puntos	Crear círculo. Se trasforma en un círculo seleccionando los dos puntos que limitan al círculo.
	Crear Arco Extremos	Crear un círculo o arco. Cuando se transforma un círculo en un arco el sistema pregunta por los dos puntos que limitan el arco.
	Crear Arco 3 Puntos	Crear un círculo o un arco tangente a 3 elementos o puntos.
	Crear Arco Polar Extremos	Esta opción crea un arco a través de un punto inicial, radio, ángulo inicial, y ángulo final.
	Crear Arco Tangente	Crear un circulo o un arco con radio especifico que se tangente a dos elementos, puede identificar los iconos de elementos y/o de puntos las diversa alternativas de tangencia pueden ser vistas presionando la barra espaciadora. • El comando no puede ejecutarse cuando: el radio del círculo es cero o muy pequeño. • Tangencia no es posible para el circulo/arco con el radio propuesto.

4.2.4 Menú "Crear rectángulos y Similares".

El siguiente menú a describir (ver figura 7) es el que es utilizado para la creación de rectángulos y acciones similares, así como para crear letras, espirales y hélices.

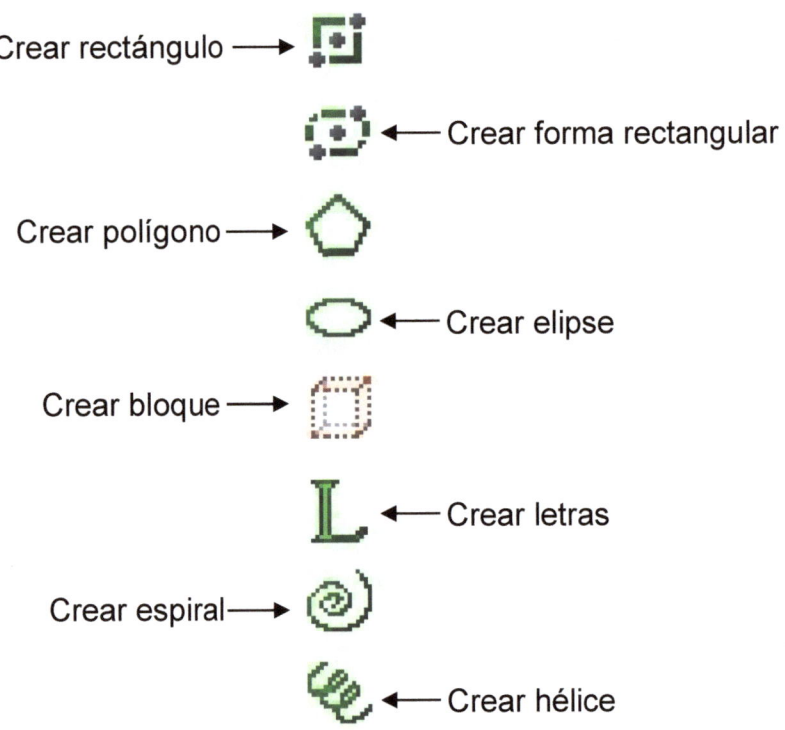

	Crear Rectángulo	Crear rectángulo de diversas maneras usando la posición del cursor en la pantalla y aplicando las dimensiones directamente escogiendo el ícono crear rectángulo introduciendo los valores en la ventana de diálogo para crear el rectángulo.
	Crear Forma Rectangular	Crea un perfil con semicírculos en los extremos la definición puede hacerse de diversas maneras con el cursor, aplicando las dimensiones directamente sobre la pantalla.
	Crear Polígono	Crear un polígono con lados iguales de longitud. Una caja de diálogo pide que se especifiquen algunos parámetros.
	Crear Elipse	Crear elipses es un spline NURBS con forma oval con un radio X, radio Y, y un ángulo de rotación predefinidos.
	Crear Bloque	Crear bloque con las dimensiones necesarias para que contenga en su interior las entidades seleccionadas.
	Crear Letras	Esta opción le permite crear geometría en forma de caracteres alfanuméricos. Este tipo de geometría comprende líneas, arcos, y splines que pueden ser usados del mismo modo que se usa cualquier tipo de geometría. Cuando usted pulsa Letras, le aparece el siguiente letrero de diálogo, dándole una serie de opciones para crear letras.
	Crear Espiral	Esta opción le permite crear una curva espiral (2D 3D) o hélice (3D). Dependiendo de los datos de que Vd. disponga para crear la curva, le interesará más utilizar Espiral o bien Hélice.
	Crear Hélice	Función que crea hélice dependiendo en 2D o 3D

Figura 7. Iconos del menú "Crear Rectángulos"

4.2.5 Menú "Ajustar/Romper/Extender".

Este denominado así por el primer icono que se muestra.

En el siguiente (ver figura 8), menú se describen los comandos que se utilizan como auxiliares para ajustar, romper entre otras.

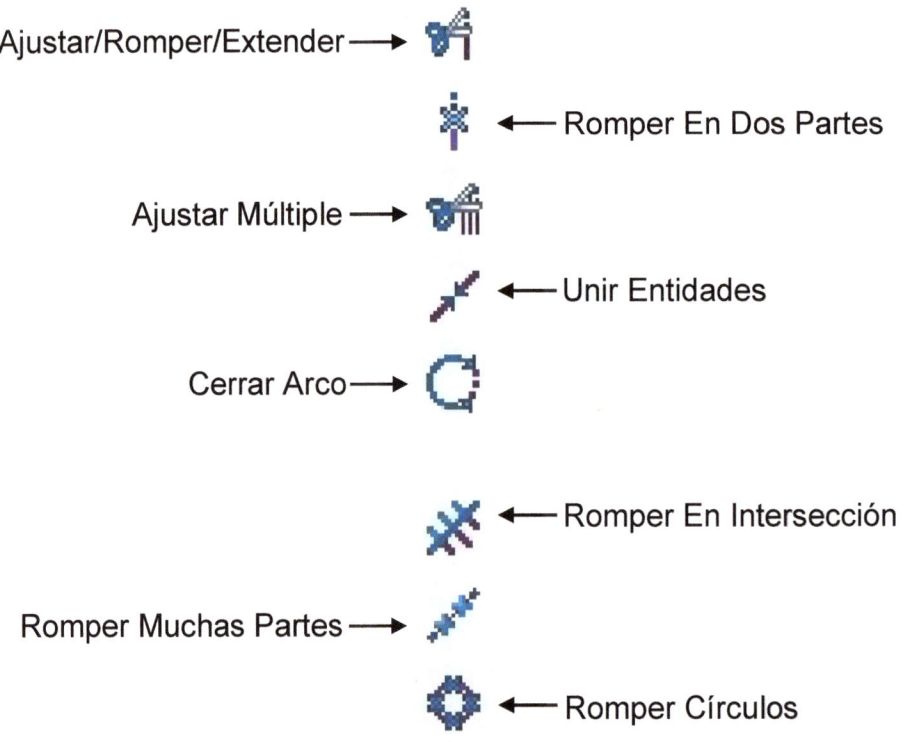

Figura 8. Íconos del Menú "Ajustar/Romper/Extender"

Tabla 4. Descripción de las funciones.

	Ajustar/Romper/Extender	Opción que ajusta una línea, rompe, extiende la línea.
	Romper En Dos Partes	Opción que se utiliza para separar una línea de otra.
	Ajustar Múltiple	Opción que permite ajustar una curva con respecto a otra.
	Unir Entidades	Esta opción permite unir dos líneas separadas es decir hacer solo una línea.
	Cerrar Arco	Opción que permite cerrar un arco cuando no está unido con el otro extremo.
	Romper En Intersección	Opción que permite romper entidades en partes iguales dependiendo del número de partes que se desee, ya sea en una línea o un arco.
	Romper Muchas Partes	Esta opción permite romper en partes iguales, solo se le da el número de partes, distancia, tolerancia o ángulos.
	Romper Círculos	Opción que permite dividir un arco en varias piezas.

4.2.6 Menú "Borrar".

El siguiente menú (figura 9) a describir es útil para poder borrar algunas entidades que no se deseen.

Figura 9. Íconos del menú "Borrar"

Tabla 5. Descripción de las funciones.

Borrar Entidades	Este comando muestra todos elementos y destaca los elementos visibles. Si selecciona una entidad destacada se borraran entidades este pasara ser invisible.
Borrar Duplicados	Este comando muestra todos los elementos y destaca los elementos visibles al seleccionar una entidad duplicada se borrara este pasara a ser invisible.

4.2.7 Forma sólidas.

A continuación en la figura 10, se describe el menú auxiliar en el diseño de formas sólidas.

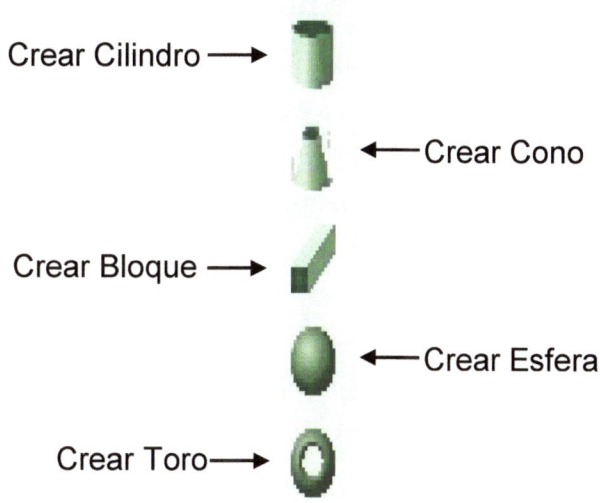

Figura 10. Íconos del menú Solidos

Tabla 6. Descripción de las funciones.

Crear Cilindro	Crear un cuerpo solido (prisma circular) cuyo tamaño puede ser definido usando el modo, directo.
Crear Cono	Crear un cuerpo solido con forma de cono. Dos círculos de radios diferentes ubicados a alturas diferentes definen el cono. El icono de tamaño puede usarse para asignar valores desde algún geométrico existente a los parámetros de la ventana de dialogo. Los iconos de ejes se activan para ayudar a definir la dirección del cono.

	Crear Bloque	Crear un cuerpo solido con base rectangular o cubo, cuyo tamaño puede ser definido.
	Crear Esfera	Crea una esfera. En un cuadro de dialogo se especifica el radio de la esfera. Los iconos de tamaño pueden usarse para asignar valores desde el geométrico existente a los parámetros.
	Crear Toro	Crear un anillo sólido, partir de 2 radios. se muestra un cuadro de dialogo donde se introduce el valor de radio, los iconos de tamaño puede usarse para asignar valores desde un geométrico existente a los parámetros de cuadro de dialogo. Los iconos de puntos se activan para ubicar el centro del toro. Los iconos de eje se activan para ayudar a definir la dirección para el toro.

4.2.8 Menú "Editar Solidos y Similares".

En el menú que se describe a continuación se pueden observar comandos como trasladar rotar y espejo que son útiles para cuando se tiene un diseño que se desea mover a otra dimensión pero sin alterar sus entidades.

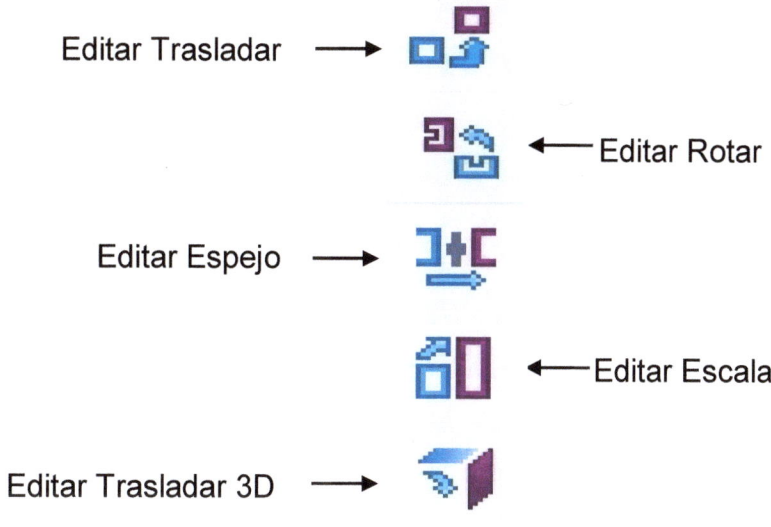

Figura 11. Íconos de las funciones.

Tabla 7. Descripción de las funciones.

	Editar Trasladar	Esta opción permite trasladar entidades del dibujo a cualquiera de los tres eje X,Y,Z.
	Editar Rotar	Esta opción le permite girar el dibujo en el plano de construcción actual a la Posición deseada, Introduciendo el valor en grados.

	Editar Espejo	Esta opción le permite realizar un espejo del dibujo a insertar en el eje X del plano C relativo al origen de Construcción.
	Editar Escala	Esta función le permite incrementar o reducir la escala del dibujo importado.
	Editar Trasladar 3D	Esta opción permite trasladar diseños en 3D ya sea en cualquiera de los tres ejes X,Y,Z.

4.2.9 Menú "Editar Sólidos/ Parte Visible-Shade".

Los siguientes dos íconos, son utilizados para mostrar ya sea la parte oculta o la forma shade, es decir un sólido o si está visible el sólido, mostrar solo la estructura de alambre ver figura 12.

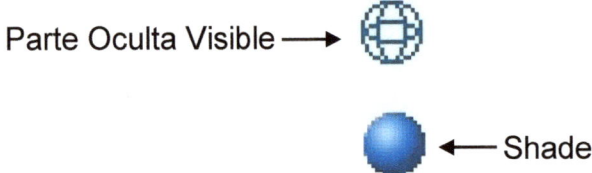

Figura 12. Iconos de las funciones.

Parte Oculta Visible	Este icono se utiliza para seleccionar cuerpos en estructura de alambre.

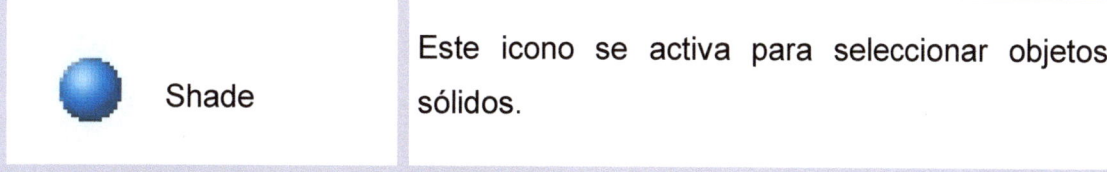	Shade	Este icono se activa para seleccionar objetos sólidos.

Tabla 8. Descripción de las funciones.

4.2.10 Menú "Tipo de Vistas".

La descripción de los siguientes iconos son relacionados con los tipos de vistas que se pueden visualizar en el software figura 13, estos a su vez permiten la creación del diseño.

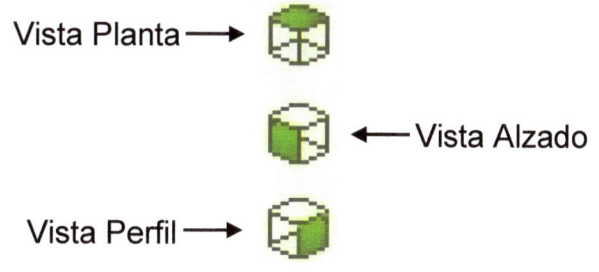

Figura 13, Iconos de las funciones.

	Vista Planta	Vista planta permite colocar el plano X, Y (vista superior), permite definir la cara de los diseños en segunda dimensión.
	Vista Alzado	Vista alzado permite colocar el plano de trabajo Z, X (vista frontal) en este plano se trabajan en 2D.

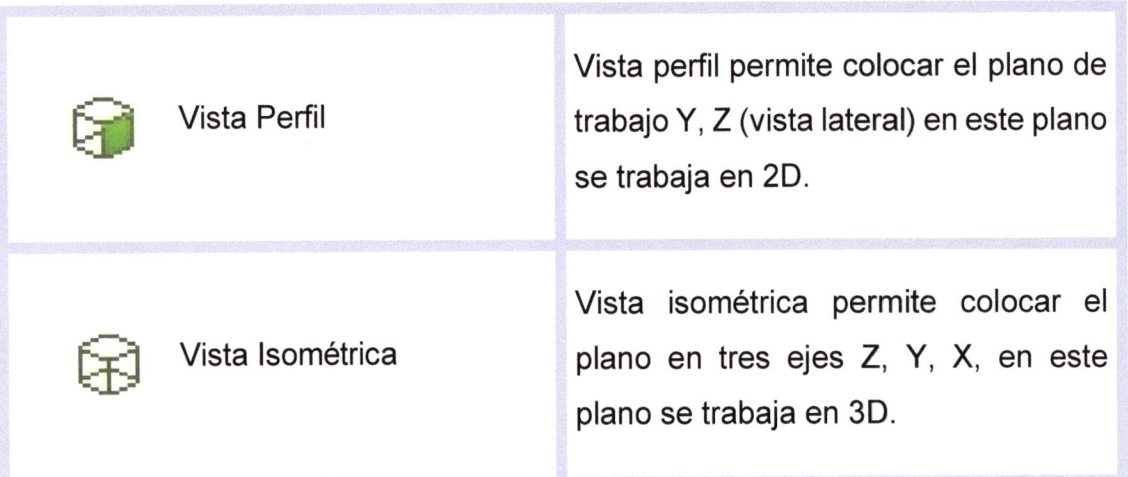

Tabla 9. Descripción de las funciones.

4.3.-Menús Auxiliares.

4.3.1 Menú "Deshacer/Recuperar" figura 14.

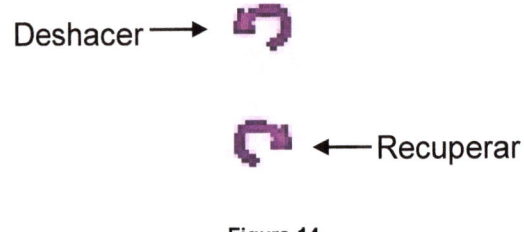

Figura 14

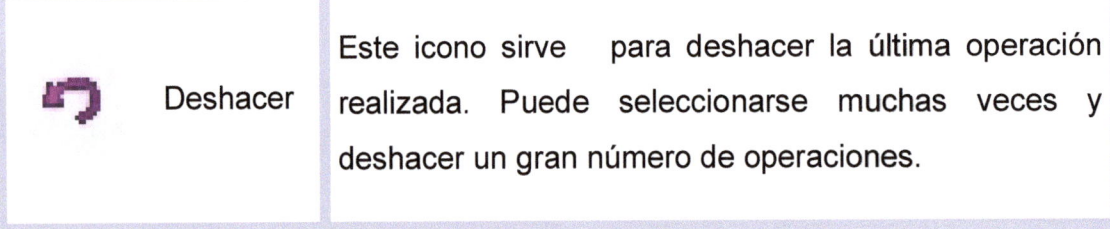

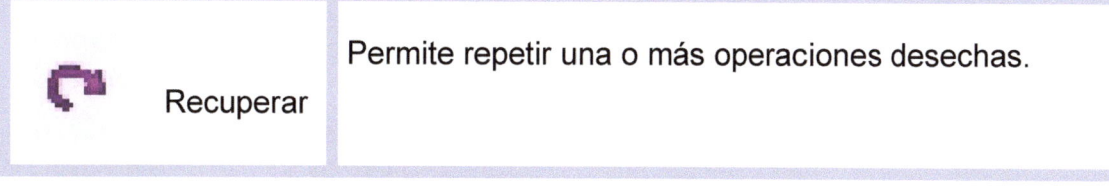

Tabla 10. Descripción de funciones.

4.3.2 Menú "Tipo de Vistas" figura 15.

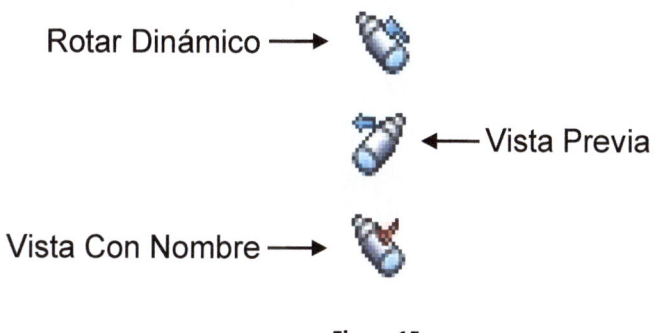

Figura 15

Tabla 11. Descripción de las funciones.

	Esta opción le permite definir un plano de construcción a través de la rotación del Plano actual. Cuando usted seleccione esta opción, le aparecerán los ejes en 3D representándole el plano actual, y el menú de rotar
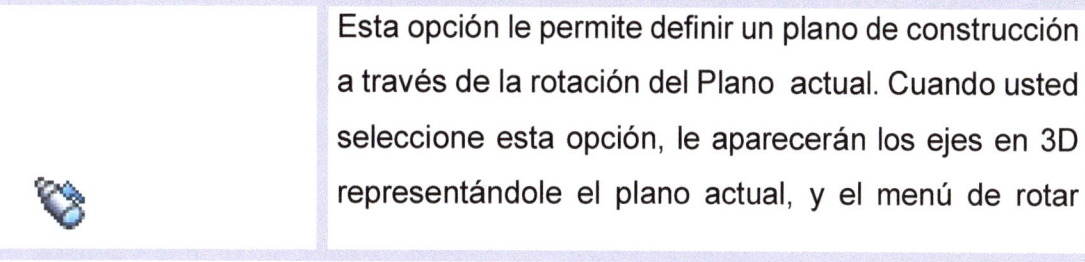	

Rotar Dinámico	plano con las siguientes opciones para rotar los ejes X,Y,Z.
Vista Previa	Vista previa permite colocar el plano X, Y (vista superior).
Vista Con Nombre	Vista con nombre este icono permite definir en el cuadro de dialogo las caras que se desea verificar.

4.3.3 Menú "Ajustes de Pantalla" figura 16.

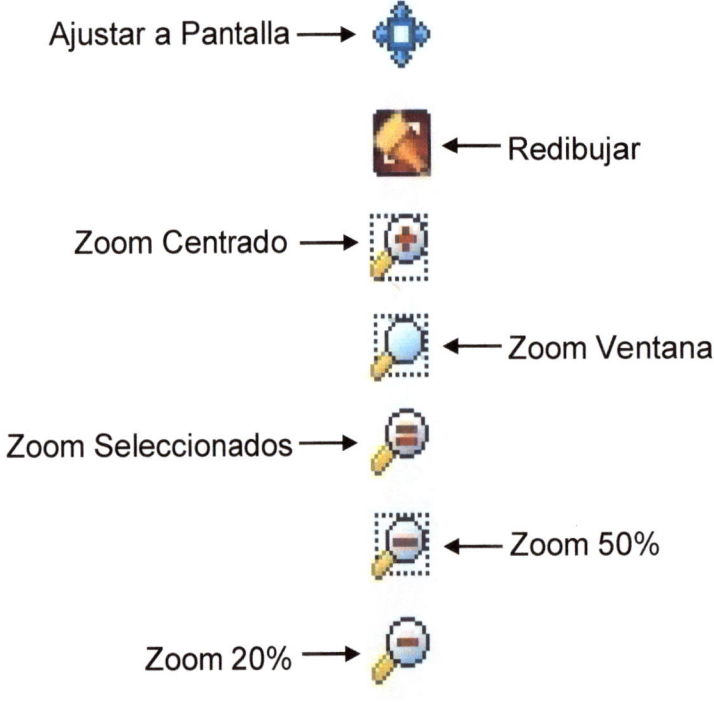

Figura 16. Íconos de las funciones.

	Ajustar a Pantalla	La imagen se reposicionará en la pantalla, manteniéndola escala de la imagen actual. Cuando este comando se activa con un clic izquierdo del mouse.
	Redibujar	Redibujar es útil cuando se eliminan algunos elementos y los restantes se ven incompletos la pantalla conservara la vista y tamaños actuales.
	Zoom Centrado	Al seleccionar un área específica de la imagen actual, este segmento abarcara el área total de la pantalla, dando como un resultado un acercamiento de la sección señalada.
	Zoom Ventana	Al seleccionar este un área específica de la imagen actual, segmento abarca el total de la pantalla, dando como resultado un acercamiento de la sección señalada.
	Zoom Seleccionados	Al seleccionar este icono la imagen se reposicionará en la pantalla a la escala de la imagen actual.
	Zoom 50%	La imagen de todos los datos geométricos actuales será reducida para adaptarlos al tamaño de la pantalla. Este tiene como efecto reducir la imagen en un 50%.

 Zoom 20%	La imagen de todos los datos geométricos actuales será reducida para adaptarlos al tamaño de la pantalla. Este tiene como efecto reducir la imagen en un 20%.

Tabla 12. Descripción de las funciones.

5.- DISEÑO 3D.

5.1.-Práctica 1. Logotipo HP.

Paso 1. Crear Base.

Seleccionar en el menú de referencia la opción **Crear**, se despliega un menú, elegir la opción **Crear Rectángulo**, introducir las coordenadas en el cuadro de diálogo **"X 0.00" "Y 0.00" "Z 0.00"** (Fig. 17), posteriormente se insertan los valores en el cuadro de diálogo (Fig. 18), **"Ancho 70.00"**, **"Altura 50.00"**, teclear **Enter** para confirmar el rectángulo **R1**.

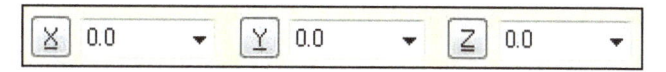

Figura 17. Introducir las coordenadas como se muestra en el cuadro de diálogo.

Figura 18. Introducir los valores como se muestra en el cuadro de diálogo.

Paso 2. Crear Línea Extremo

Seleccionar en el menú de referencia la opción **Crear**, se despliega un menú, elegir la opción **Línea**, se despliega un submenú, seleccionar la opción **Crear Línea Extremo**, introducir las coordenadas en el cuadro de diálogo **"X 30.45"**, **"Y 44.81"**, **"Z 0.00"** (Fig. 19), posteriormente introducir los valores en el cuadro de diálogo **"Longitud 1.90637"**, **"Ángulo 91.13167"** (Fig. 20), teclear **Enter** para confirmar la línea **L1**.

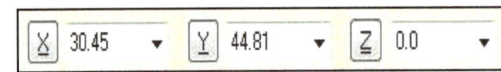

Figura 19. Introducir las coordenadas como se muestra en el cuadro de diálogo.

Figura 20. Introducir los valores como se muestra en el cuadro de diálogo.

Continuando con la creación de las *Líneas Extremo* se utiliza el mismo procedimiento, introduciendo los valores como se indica a continuación:

Tabla 1. Coordenadas líneas extremo.

Línea	Coordenadas			Longitud	Ángulo
	X	Y	Z		
L2	30.41235	46.716	0.00	22.24135	179.99227
L3	8.171	46.719	0.00	43.526	270
L4	8.171	3.193	0.00	20.203	0.0
L5	28.374	3.193	0.00	2.38811	69.50857

Paso 3. Crear un Arco de 3 Puntos.

Seleccionar en el menú de referencia la opción **Crear**, se despliega un menú, elegir la opción **Arco**, se despliega un submenú, seleccionar la opción **Crear Arco 3 Puntos**, posteriormente introducir las coordenadas del primer punto "**X 29.21**", "**Y 5.43**", "**Z 0.0**", se insertar las coordenadas del segundo punto, "**X 14.66992**", "**Y 25.59736**", "**Z 0.0**", finalmente introducir las coordenadas del tercer y último punto "**X 30.45**", "**Y 44.81**", "**Z 0.0**", teclear **Enter** para confirmar el arco **ARC1**.

Paso 4. Editar Espejo.

Seleccionar el icono Editar Espejo ⬚, posteriormente se seleccionan las entidades **L1, L2, L3, L4, L5** y **ARC1** como se muestra en la **Fig. 21**, teclear **Enter** para confirmar la operación, aparece un cuadro de diálogo (Fig. 22) activar la opción **Copiar** e introduce el valor de en "**X 35.3**", seleccionar el icono **OK** ✓, para confirmar y finalizar la operación espejo.

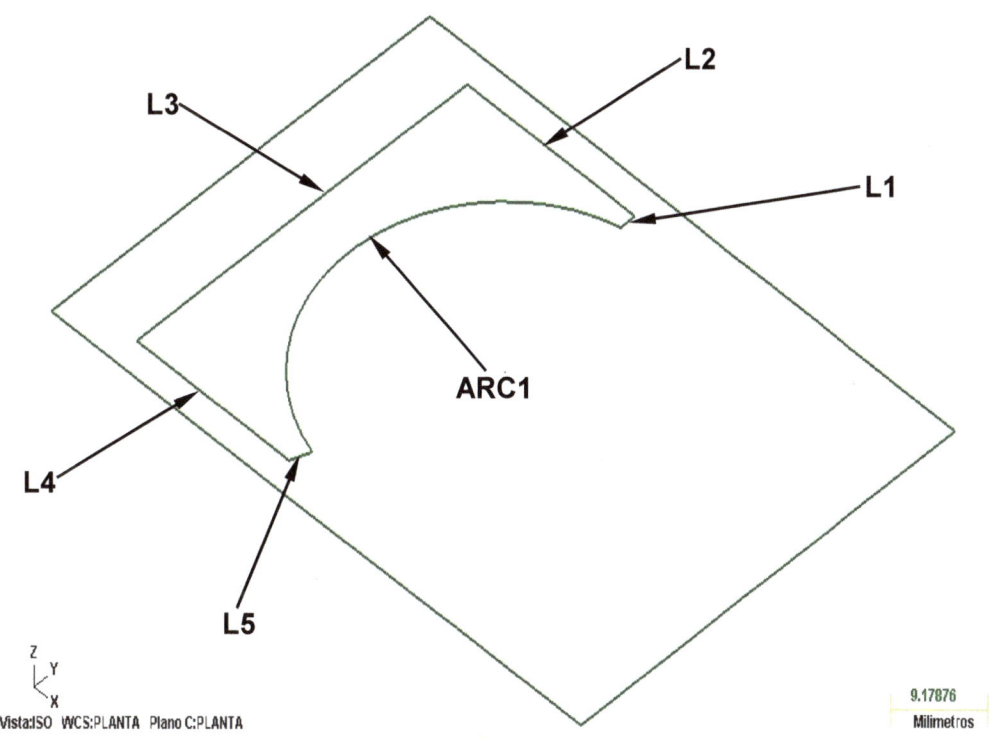

Fig.21 Selección de Entidades

Figura 22. Cuadro de diálogo Espejo.

Paso 6. Crear la letra h.

Seleccionar el icono **Crear Línea Extremo**, introducir las coordenadas en el cuadro de diálogo **"X 31.03061"**, **"Y 31.14692"**, **"Z 0.0"** (Fig.23), posteriormente introducir los valores en el cuadro de dialogo **"Longitud 16.92936"**, **"Ángulo 67.15227"** (Fig. 24), teclear **Enter** para confirmar la línea **H1**.

Figura 23. Introducir las coordenadas como se muestra en el cuadro de dialogo.

Figura24. Introducir los valores como se muestra en el cuadro de diálogo.

Continuando con la creación de las **Líneas Extremo** se utiliza el mismo procedimiento, introduciendo los valores como se indica a continuación:

Tabla 2. Coordenadas líneas extremo.

Línea	Coordenadas			Longitud	Ángulo
	X	Y	Z		
H2	37.604	46.748	0.0	3.99988	180.8499
H3	33.60456	46.68867	0.0	33.791	247.165
H4	20.491	15.546	0.0	4.0	0.0
H5	24.491	15.546	0.0	14.67966	67.20269
H6	30.1784	29.07843	0.0	3.43282	359.99815
H7	33.61122	29.07832	0.0	14.653	247.44599
H8	27.991	15.546	0.0	4.0	0.0
H9	31.991	15.546	0.0	16.91321	67.28104
H10	38.52307	31.14692	0.0	7.49246	180.0

Paso 6. Crear Acuerdo Entidades.

Seleccionar en el menú de referencia la opción **Crear**, se despliega un menú, elegir la opción **Acuerdo**, se despliega un submenú, seleccionar la opción **Acuerdo Entidades**, aparece un cuadro de diálogo en la parte superior de la pantalla (Fig. 25) **"Radio 2.00"**; selecciona las línea **H9** con **H10** (Fig. 26) para crear el primer acuerdo y teclea **Enter** para finalizar tarea. Para crear el segundo **Acuerdo Entidades** se utiliza el mismo procedimiento pero cambiando el valor anterior por el siguiente valor **"Radio 1.00"** selecciona las líneas **H1** y **H10** (Fig. 26) y teclea **Enter** para finalizar la operación.

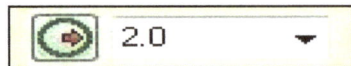

Figura 25. Introducir los valores como se muestra en el cuadro de diálogo.

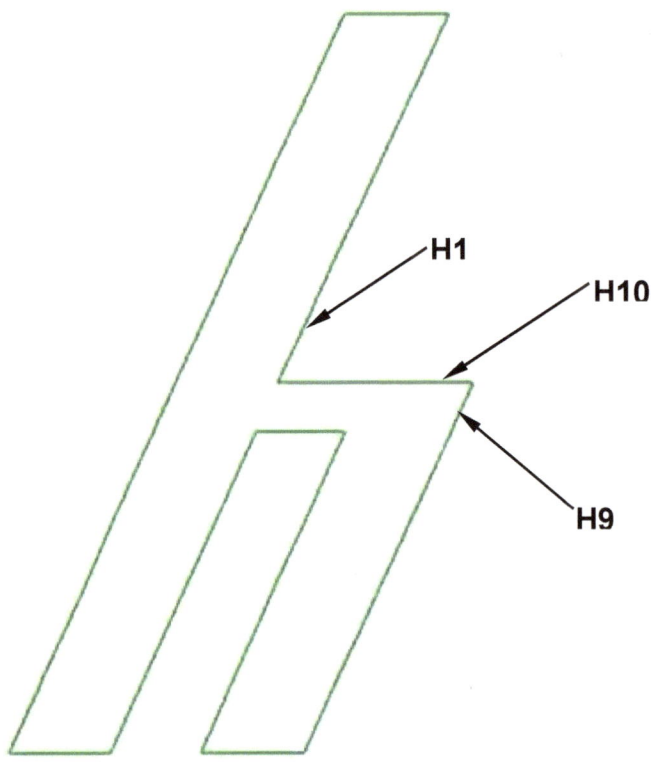

Figura 26. Selección de entidades

Paso 7. Crear letra p

Seleccionar el icono **Crear Línea Extremo**, introducir las coordenadas en el cuadro de diálogo **"X 41.68371", "Y 31.20866", "Z 0.0"** (Fig. 27), posteriormente introducir los valores en el cuadro de dialogo **"Longitud 30.066", "Ángulo 248.718"** (Fig. 28), teclear **Enter** para confirmar la línea **P1** y finalizar la tarea.

Figura 27. Introducir las coordenadas como se muestra en el cuadro de diálogo.

Figura 28. Introducir los valores como se muestra en el cuadro de diálogo.

Continuando con la creación de las *Líneas Extremo* se utiliza el mismo procedimiento, introduciendo los valores como se indica a continuación:

Tabla 3. Coordenadas líneas extremo.

Línea	Coordenadas			Longitud	Ángulo
	X	Y	Z		
P2	30.771	3.193	0.0	4.0	0.0
P3	34.771	3.193	0.0	13.24088	68.8985
P4	39.538	15.546	0.0	7.495	0.0
P5	47.033	15.546	0.0	16.8223	68.614
Línea	Coordenadas			Longitud	Ángulo
	X	Y	Z		

P6	53.16724	31.21	0.0	11.48353	180.00669
P7	44.81951	29.079	0.0	12.25711	248.87
P8	40.401	17.646	0.0	3.491	0.0
P9	43.892	17.646	0.0	12.2893	68.48499
P10	48.39904	29.079	0.0	3.57953	180.0

Paso 8. Crear Acuerdo Entidades.

Seleccionar en el menú de referencia la opción **Crear**, se despliega un menú, elegir la opción **Acuerdo**, se despliega un submenú, seleccionar la opción **Acuerdo Entidades**, aparece un cuadro de dialogo en la parte superior de la pantalla (Fig. 29) introducir el valor "**Radio 2.0**", posteriormente se selecciona los vértices **M1** (Fig. 30) para crear el primer acuerdo y teclea **Enter** para finalizar la tarea. Para crear el segundo **Acuerdo Entidades** se utiliza el mismo procedimiento pero cambiando el valor anterior por el siguiente valor **Radio 1.00** seleccionando los vértices **M2**, teclea **Enter** para finalizar la tarea, ver fig 31 diseño terminado.

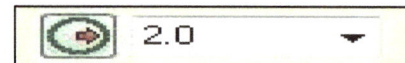

Figura 29. Introducir los valores como se muestra en el cuadro de diálogo.

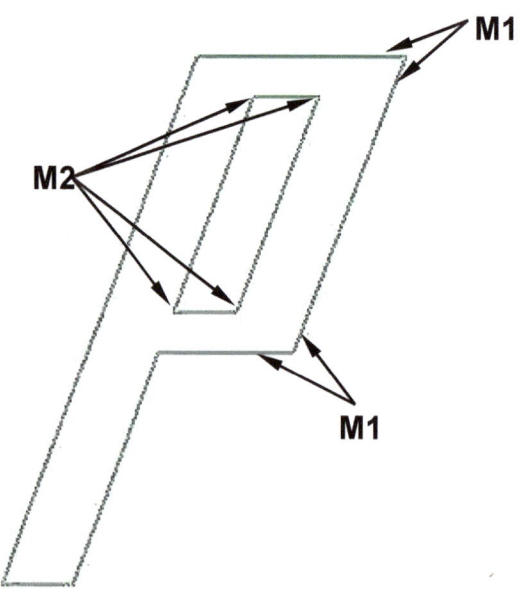

Figura 30. Selección de entidades

Figura 31. Diseño en 2D Terminado

5.2.-Practica 2. Brazo Oscilante.

Paso 1. Crear Base del "Brazo Oscilante".

Seleccionar en el menú de referencia la opción **Crear**, se despliega un menú, elegir la opción **Crear Rectángulo**, introducir las coordenadas en el cuadro de diálogo **"X 0.00", "Y 0.00", "Z 0.00"** (Fig. 32), posteriormente insertar los valores en el cuadro de diálogo **"Ancho 90.0", "Altura 60.0"** (Fig. 33), teclear **Enter** para confirmar y finalizar la tarea.

Figura 32. Introducir las coordenadas como se muestra en el cuadro de diálogo.

Figura 33. Introducir los valores como se muestra en el cuadro de diálogo.

Paso 2. Crear Círculo Punto Centro.

Seleccionar en el menú de referencia la opción **Crear**, se despliega un menú, elegir la opción **Arco**, se despliega un submenú, seleccionar la opción **Crear Circulo Punto Centro**, introducir las coordenadas en el cuadro de diálogo **"X 30.00", "Y 30.00", "Z 0.00"** (Fig. 34), posteriormente insertar los valores en el cuadro de diálogo **"Radio 30.0", "Diámetro 60.0"** (Fig. 35), teclear **Enter** para confirmar el circulo **C1** y finalizar la tarea.

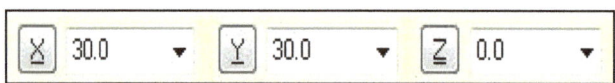

Figura 34. Introducir las coordenadas como se muestra en el cuadro de diálogo.

Figura 35. Introducir los valores como se muestra en el cuadro de diálogo.

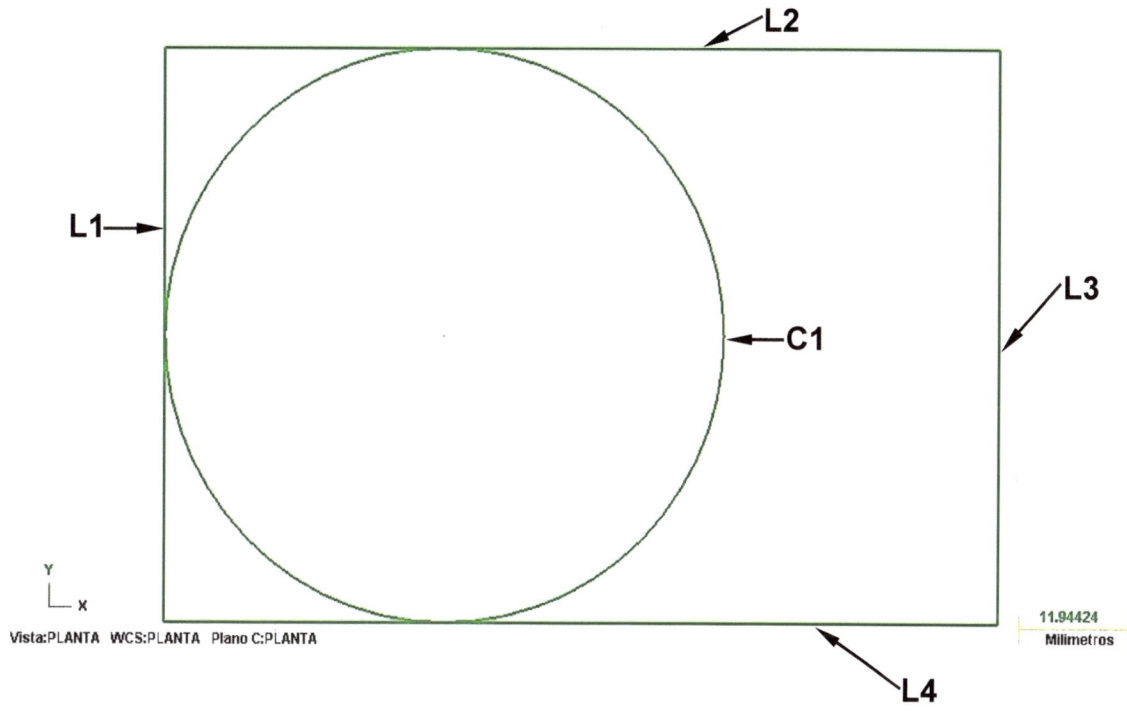

Figura 36 Selección de entidades.

Paso 3. Crear Ajustar/Romper/Extender.

Selecciona el icono **Ajustar/Romper/Extender** , se despliega una barra de iconos en la pantalla superior del área de trabajo, elegir el icono **Ajustar 2 Entidades** , posteriormente selecciona las entidades a Ajustar/Romper, seleccionar **C1** y **L2**, en los puntos señalados, como se muestra en la Fig. 36 automáticamente se corta. Para cortar la otra línea del rectángulo se utiliza el mismo procedimiento, se seleccionan las entidades **C1'Ì** y **L4** como se indica en la Fig. 37, y se cortara automáticamente. Posteriormente selecciona el icono **Borrar entidades** , y elige la línea **L1**, teclea **Enter** para confirmar la tarea.

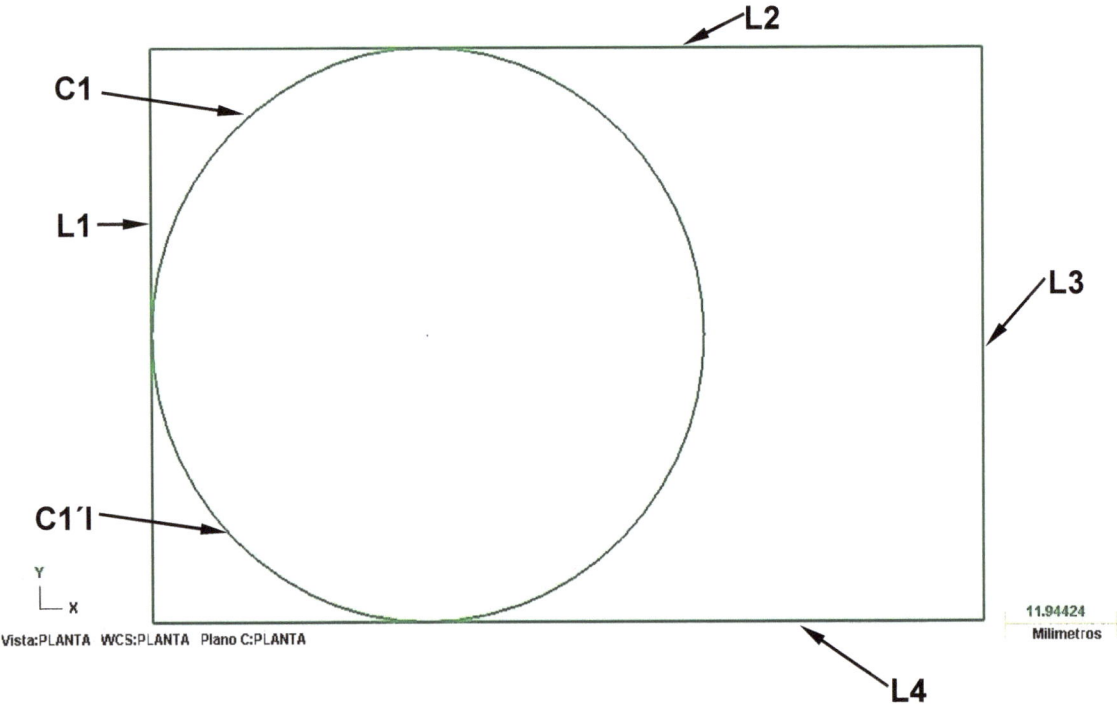

Figura 37. Selección de entidades.

Paso 4. Crear Círculo Punto Centro.

Seleccionar el icono **Crear circulo punto centro** , introducir las coordenadas en el cuadro de diálogo **"X 30.00"**, **"Y 30.00"**, **"Z 0.00"** (Fig. 38), posteriormente inserte los valores en el cuadro de diálogo "**Radio 15.0**", "**Diámetro 30.0**" (Fig. 39), teclear **Enter** para confirmar el circulo **C1** (Fig. 40) y finalizar la tarea.

Figura 38. Introducir las coordenadas como se muestra en el cuadro de diálogo.

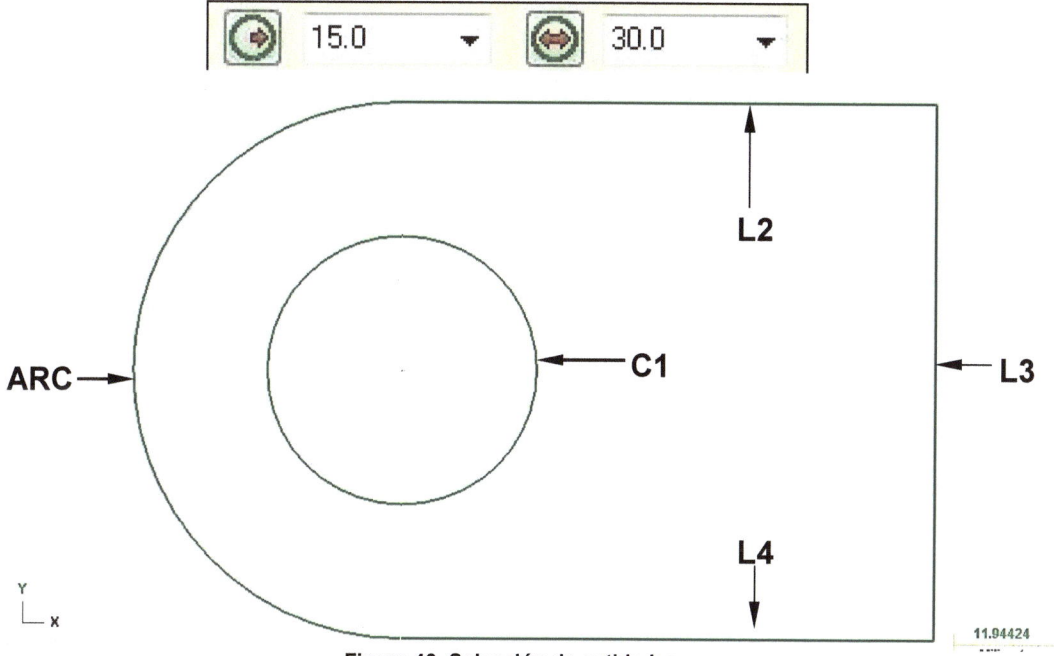

Figura 40. Selección de entidades.

Paso 5. Trasladas base en Z.

Seleccionar el icono **Vista Isométrica**, elegir el icono **Ajustar a pantalla**, posteriormente seleccionar el icono **Editar Trasladar**, selecciona las entidades a trasladar **L2, L3, L4** y **ARC1** como se muestra en la Fig. 41, teclear **Enter** para confirmar la operación. En seguida aparecerá un cuadro de diálogo (Fig. 42), activar la opción **Copiar,** insertar el valor de **Z 10.0**, para confirmar el traslado de las entidades elige el icono de **OK**.

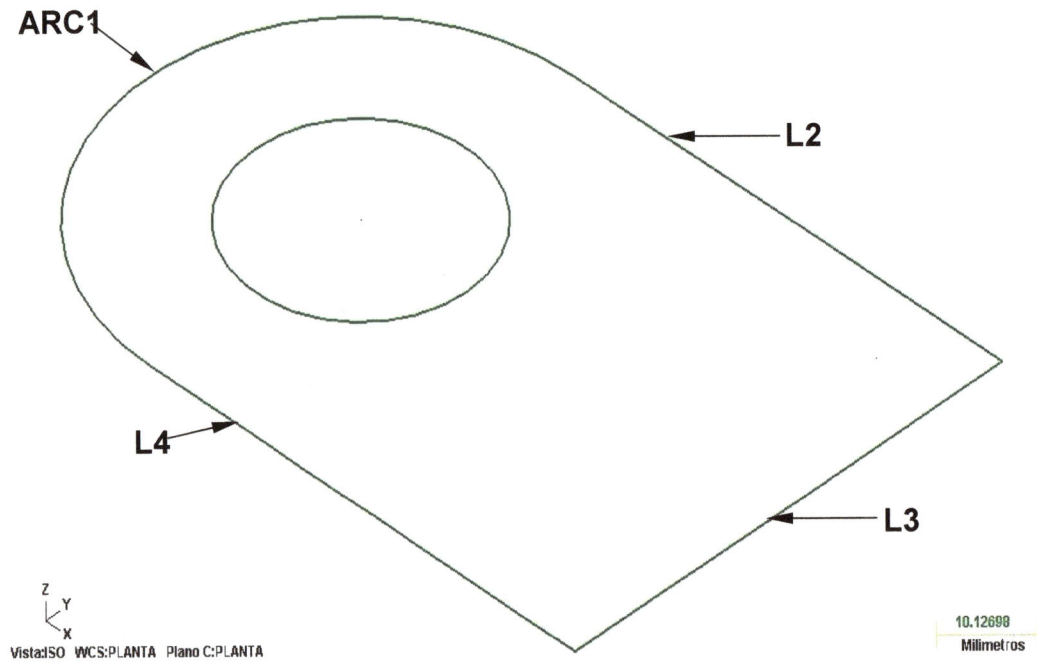

Figura 41. Selección de entidades a trasladar.

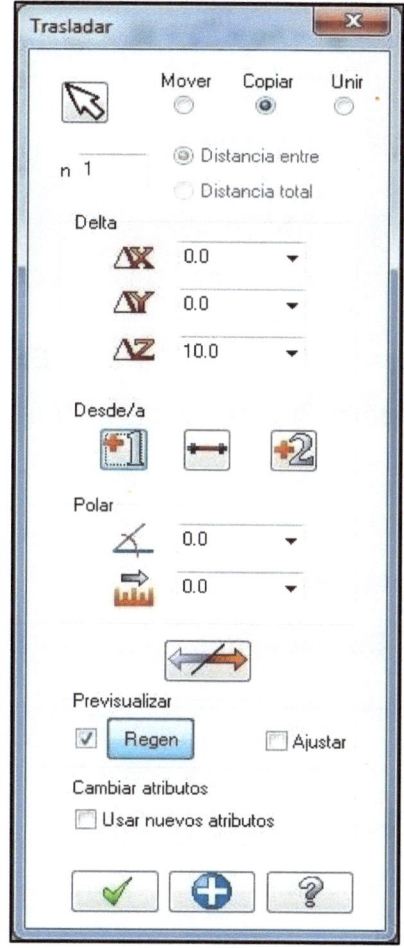

Figura 42. Cuadrado de diálogo Trasladar

Paso 6. Crear Línea Extremo Desde Plano C.

Seleccionar el icono **Desde Plano C**, posteriormente seleccionar el icono **Crear Línea Extremo**, introducir las coordenadas en el cuadro de dialogo "**X 90.0**", "**Y 10.0**, "**Z 0.0**" (Fig. 43), posteriormente introducir los valores en el cuadro de diálogo "**Longitud 30.0**" "**Ángulo 90.0**" (Fig. 44), teclear **Enter** para confirmar **Li1** y finalizar la tarea.

Figura 43. Introducir las coordenadas como se muestra en el cuadro de diálogo.

Figura 44. Introducir los valores como se muestra en el cuadro de diálogo.

Continuando con la creación de las **Líneas Extremo** se utiliza el mismo procedimiento, introduciendo los valores como se indica a continuación:

Tabla 1. Coordenadas líneas extremo.

Línea	Coordenadas			Longitud	Ángulo
	X	Y	Z		
Li2	90.0	40.0	0.0	30.0	180
Li3	60.0	40.0	0.0	30.0	270
Li4	60.0	10.0	0.0	30.0	0

Paso 7. Crear Circulo Punto Centro.

Seleccionar el icono **Crear circulo punto centro**, introducir las coordenadas en el cuadro de diálogo "**X 75.0**", "**Y 40.0**", "**Z 0.0**" (Fig. 45), posteriormente insertar los valores en el cuadro de diálogo "**Radio 15.0**", "**Diámetro 30.0**" (Fig.46), teclear **Enter** para confirmar el circulo **C2** (Fig. 47) y finalizar la tarea. Para crear el círculo **C3** se realiza el mismo procedimiento y las mismas coordenadas se debe cambiar los valores por los siguientes "**Radio 12.5**", "**Diámetro 25.0**", teclear **Enter** para confirmar el circulo **C3** y finalizar la tarea.

Figura 45. Introducir las coordenadas como se muestra en el cuadro de diálogo.

Figura 46. Introducir los valores como se muestra en el cuadro de diálogo.

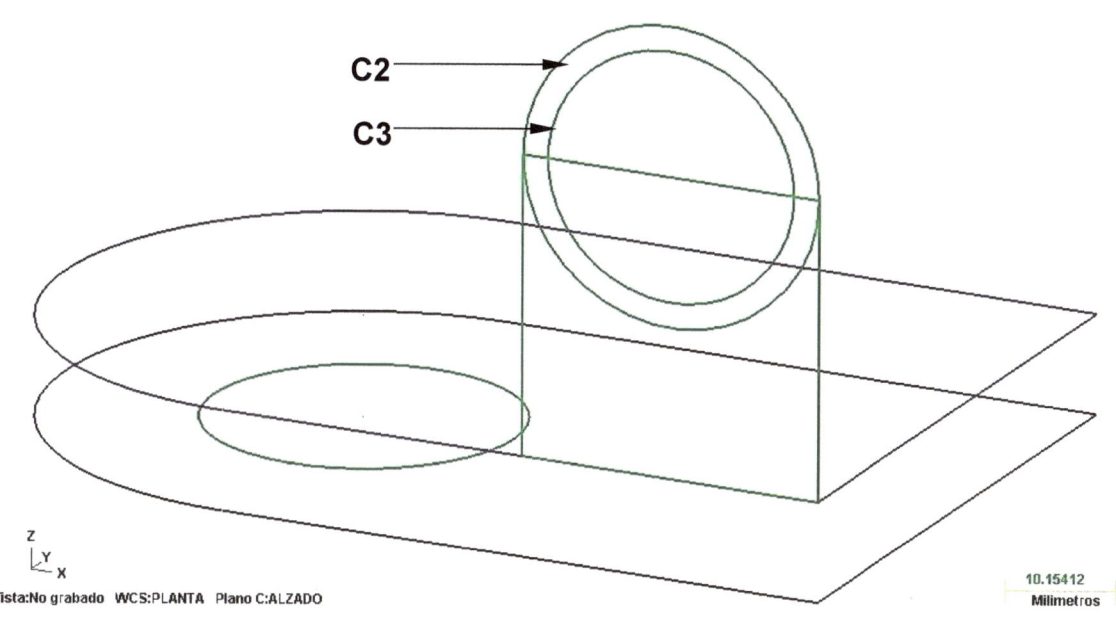

Figura 47. Círculo C2 y C3

Paso 8. Ajustar/Romper/Extender circulo C2.

Selecciona el icono **Ajustar/Romper/Extender**, se despliega una barra de iconos en la pantalla superior del área de trabajo, elegir el icono **Ajustar 2 Entidades**, posteriormente selecciona las entidades a Ajustar/Romper, elegir **C2** y **Li3**, en los puntos señalados, como se muestra en la Fig. 48 automáticamente se corta. Posteriormente selecciona el icono **Borrar entidades** elige la línea **Li2**, teclear **Enter** para confirmar la tarea.

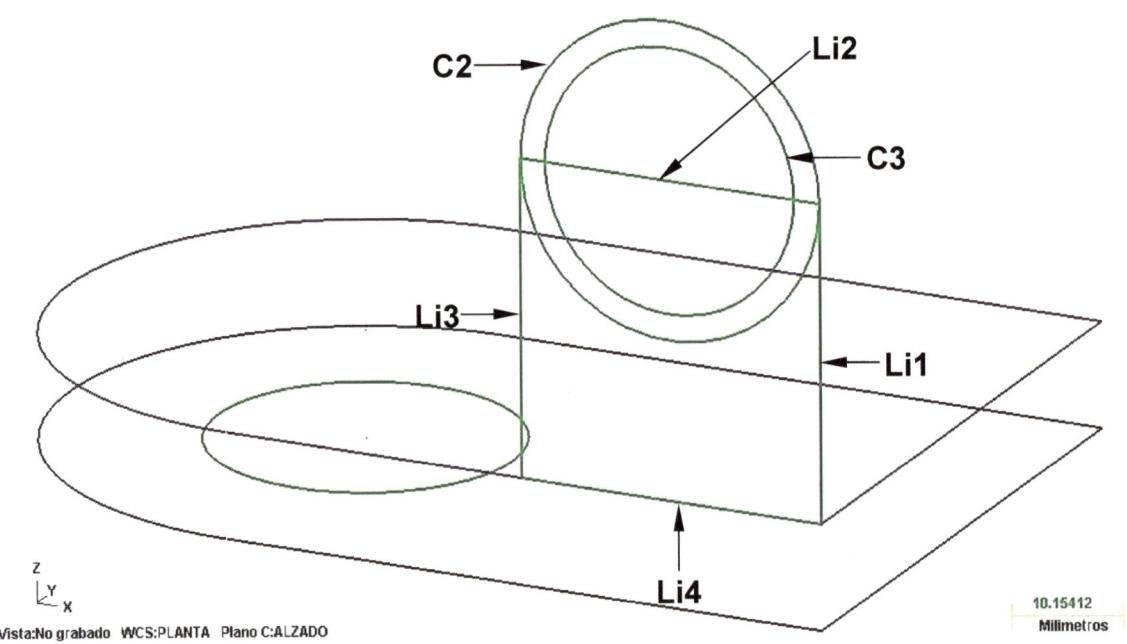

Figura 48. Selección de entidades.

Paso 9. Editar Trasladar.

Seleccionar el icono **Editar Trasladar**, elegir las entidades a trasladar **Li1, Li3, Li4**, **ARC2 y C3** como se muestra en la Fig. 49, teclear **Enter** para confirmar la operación. En seguida aparecerá un cuadro de diálogo (Fig. 50), activar la opción **Copiar,** insertar el valor de **Z -50.0**, para confirmar el traslado de las entidades seleccionar el icono de **OK**.

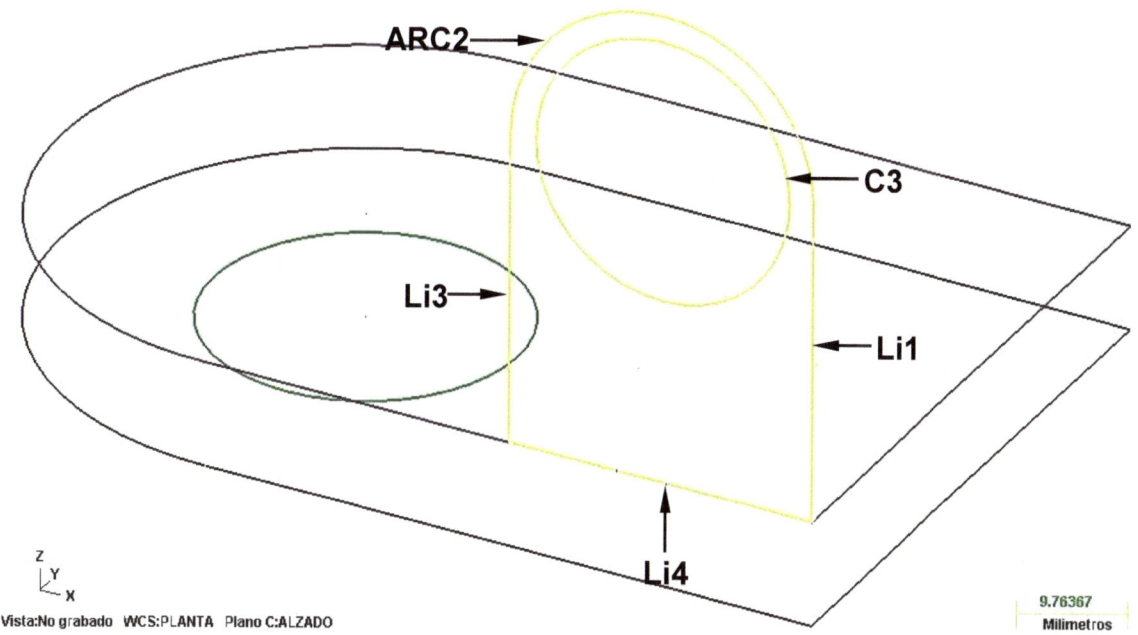

Figura 49. Entidades a trasladar.

Figura 50. Cuadro de diálogo.

Paso 10. Extrusión de la base.

Seleccionar en el menú de referencia la opción **Solidos**, se despliega un menú, elegir la opción **Extrusión**, aparecerá un cuadro de dialogo (Fig. 51), activa la opción **3D** y **Cadena**, seleccionar las entidades **E1** y **C1**, como se indica en la Fig. 52, teclear **Enter** para confirmar la operación, inmediatamente aparecerá un segundo cuadro de diálogo (Fig. 53), Activar la opción **Crear Cuerpo** y **Extender una distancia específica**, introducir el valor de **"Distancia 10.0"**, elegir la opción **Invertir dirección** (Se activa solo en caso de que las flechas (en color verde) aparecen apuntando hacia abajo en dirección opuesta a la que se va extrusionar la figura), finalmente para concluir la operación selecciona el icono de **OK**, para confirmar la extrusión de la figura.

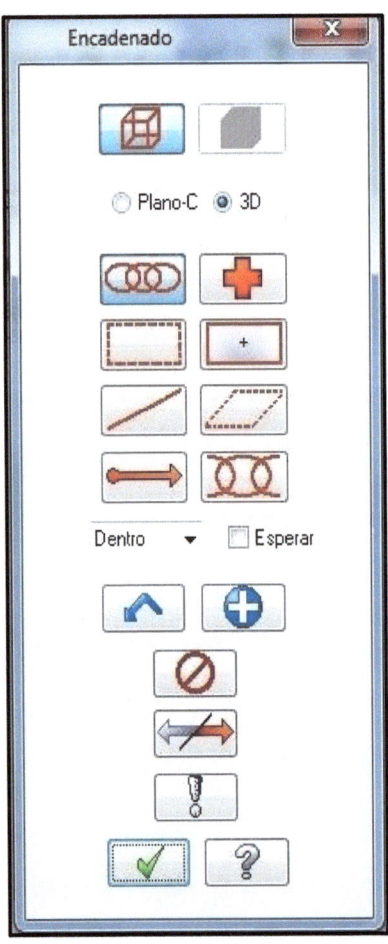

Figura 4. Cuadro de dialogo de encadenado.

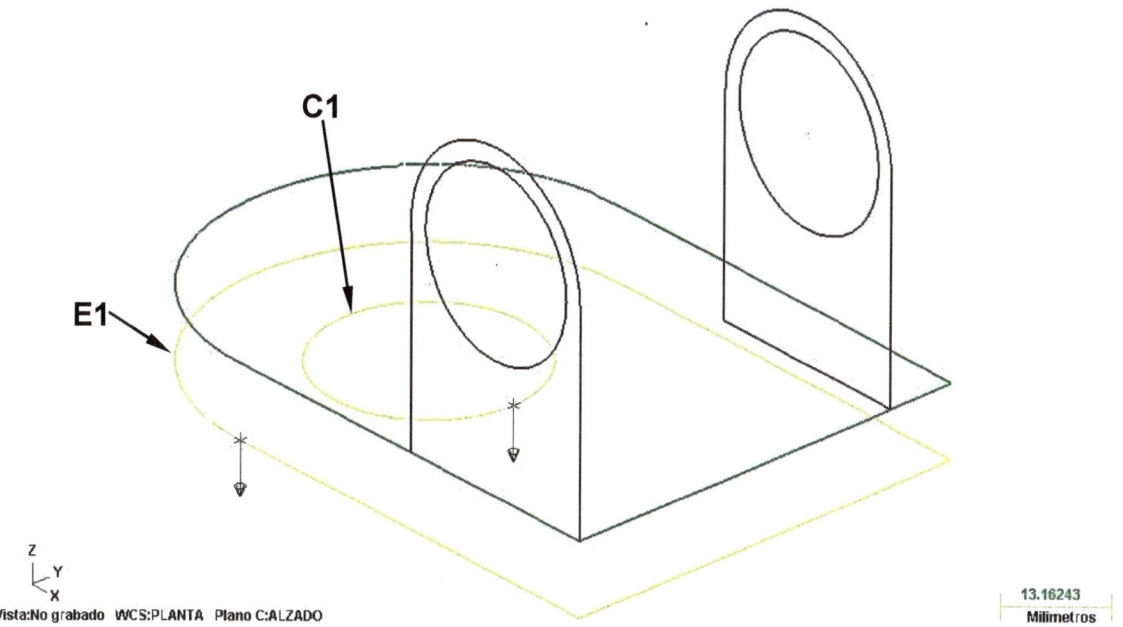

Figura 5. Selección de entidades a Extrusionar.

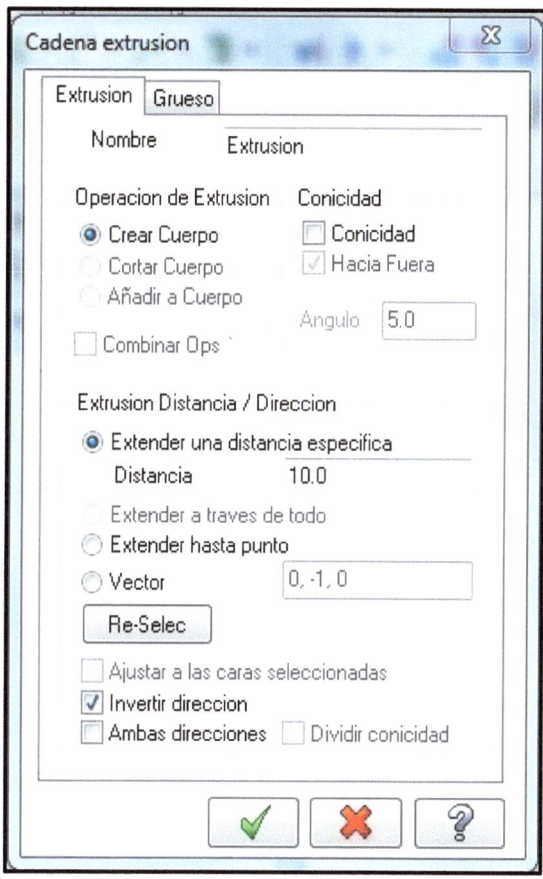

Figura 6. Cuadro de dialogo Cadena de extrusión.

Paso 11. Extrusión de la figura parte superior y visualización sólida.

Seleccionar el icono **Extrusión**, aparecerá un cuadro de dialogo (Fig. 54), activa la opción **3D** y **Cadena**, elegir las entidades **C2** y **E2**, como se indica en la Fig. 55, teclear **Enter** para confirmar la operación, inmediatamente aparecerá un segundo cuadro de diálogo, Activar la opción **Crear Cuerpo** y **Extender una distancia específica**, introducir el valor de **"Distancia 10.0"**, Desactivar la opción **Invertir dirección** (Fig. 56), finalmente para concluir la operación seleccionar el icono de **OK**, para confirmar la extrusión de la figura. Para extrusionar las figuras **C3** y **E3,** realiza el mismo procedimiento, elige las entidades **C2** y **E3**, Como se indica en la Fig. 67.

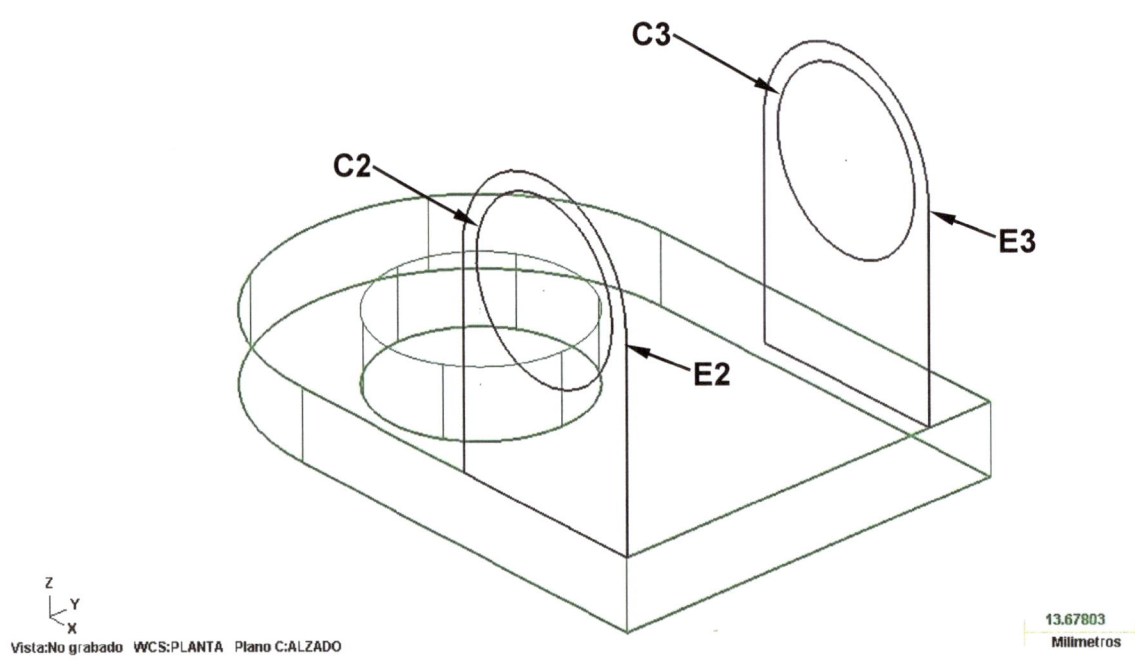

Figura 7. Selección de entidades a Extrusionar.

Para observar la pieza sólida, selecciona el icono **Shade** , y automáticamente la pieza se solidificara.

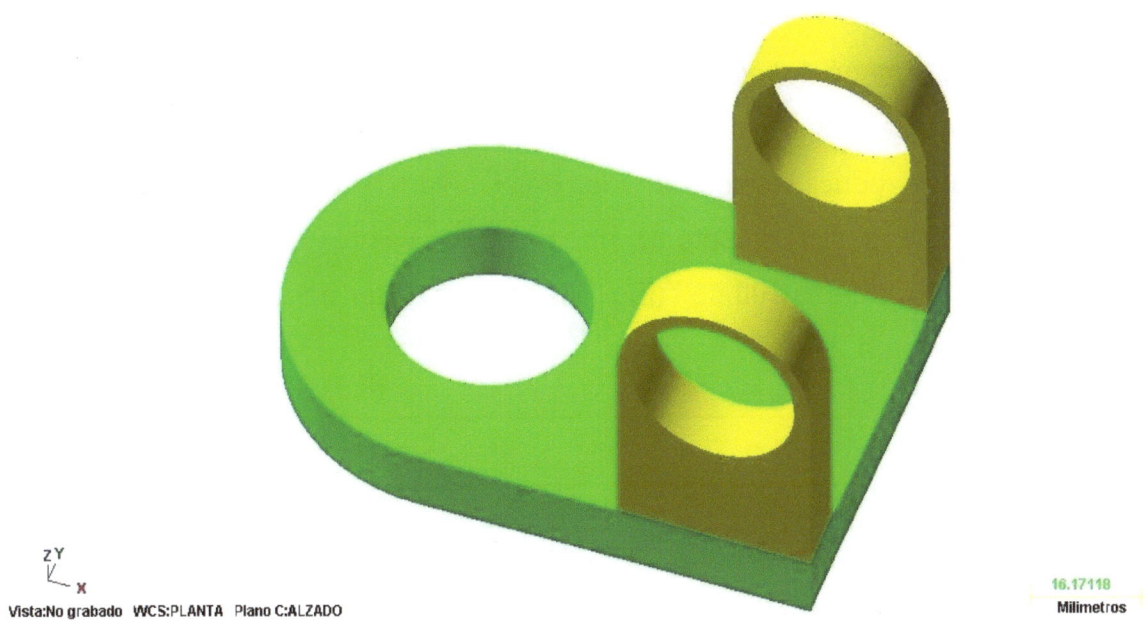

Figura 8. Pieza Solidificada.

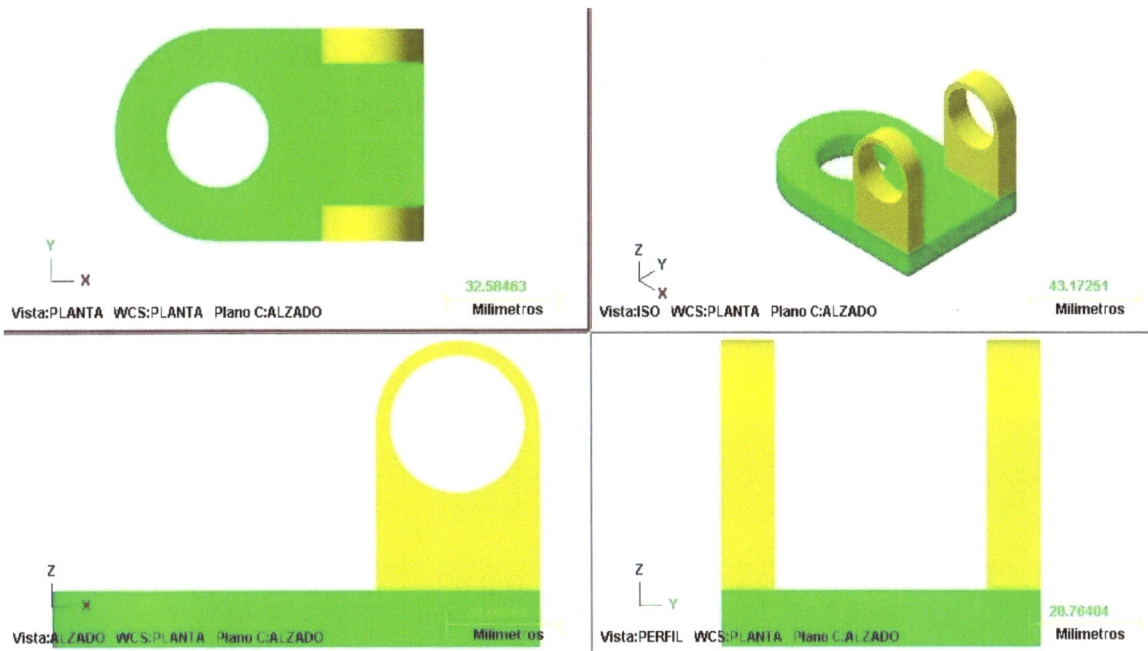

Figura 9. Visualización del diseño en 4 tipos de vistas.

5.3.-Práctica 3. Soporte Brida.

Paso 1. Crear Base.

Seleccionar en el menú de referencia la opción **Crear**, se despliega un menú, elegir la opción **Arco,** Se despliega un submenú, seleccionar la opción **Crear Circulo Punto Centro**, introducir las coordenadas en el cuadro de diálogo **"X 0.0", "Y 0.0", "Z 0.00"** (Fig. 57), posteriormente se introducen los valores del cuadro de diálogo **"Radio 50.0", "Diámetro 100.00"** (Fig. 58), teclear **Enter** para confirmar el circulo **C1** y finalizar la tarea.

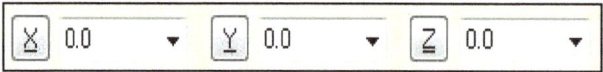

Figura 57. Introducir las coordenadas como se muestra en el cuadro de dialogo.

Figura 58. Introducir los valores como se muestra en el cuadro de diálogo.

Continuando con la creación de los *Círculos Punto Centro* se utiliza el mismo procedimiento, introduciendo los valores como se indica a continuación:

Tabla 1. Coordenadas círculos punto centro.

Circulo	Coordenadas			Radio	Diámetro
	X	Y	Z		
C2	25.0	50.0	0.0	25.0	180
C3	20.0	40.0	0.0	20.0	40.0
C4	10.0	20.0	0.0	10.0	20.0

Paso 2. Crear Línea Extremo.

Seleccionar en el menú de referencia la opción **Crear**, se despliega un menú, elegir la opción **Línea**, se despliega un submenú, seleccionar la opción **Línea Extremo** introducir las coordenadas en el cuadro de diálogo **"X -5.00", "Y 49.75", "Z 0.00"** (Fig. 59), posteriormente se introducen los valores del cuadro de diálogo **"Longitud 15.0", "Ángulo 270"** (Fig. 60), teclear **Enter** para confirmar la **L1** y finalizar la tarea.

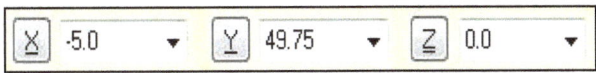

Figura 59. Introducir las coordenadas como se muestra en el cuadro de diálogo.

Figura 60. Introducir los valores como se muestra en el cuadro de diálogo.

Continuando con la creación de las *Líneas Extremo* se utiliza el mismo procedimiento, introduciendo los valores como se indica a continuación:

Tabla 2. Coordenadas líneas extremo.

Línea	Coordenadas			Longitud	Ángulo
	X	Y	Z		
L2	5.0	49.75	0.0	15.0	270
L3	49.75	5.0	0.0	15.0	180
L4	49.75	-5.0	0.0	15.0	180

Paso 3. Crear arco 3 puntos.

Seleccionar en el menú de referencia la opción **Crear**, se despliega un menú, elegir la opción **Arco**, se despliega un submenú, seleccionar la opción **Crear Arco 3 Puntos**, posteriormente se introduce las coordenadas del primer punto "**X -5.0**", "**Y 34.75**", "**Z 0.0**", introducir las coordenadas del segundo punto, "**X 0.0**", "**Y 31.75**", "**Z 0.0**", posteriormente insertar las coordenadas del tercer y último punto "**X 5.0**", "**Y 34.75**", "**Z 0.0**" teclear **Enter** para confirmar el arco **ARC1** (Fig. 61), para crear el segundo arco se realiza el mismo procedimiento, Introducir las coordenadas del primer punto "**X 34.75**", "**Y 5.0**", "**Z 0.0**", introducir las coordenadas del segundo punto "**X 31.75**", "**Y 0.0**, "**Z 0.0**", posteriormente insertar las coordenadas del tercer y último punto "**X 34.75**", "**Y -5.0**", "**Z 0.0**", teclear **Enter** para confirmar el arco **ARC2** (Fig. 62), y finalizar la operación.

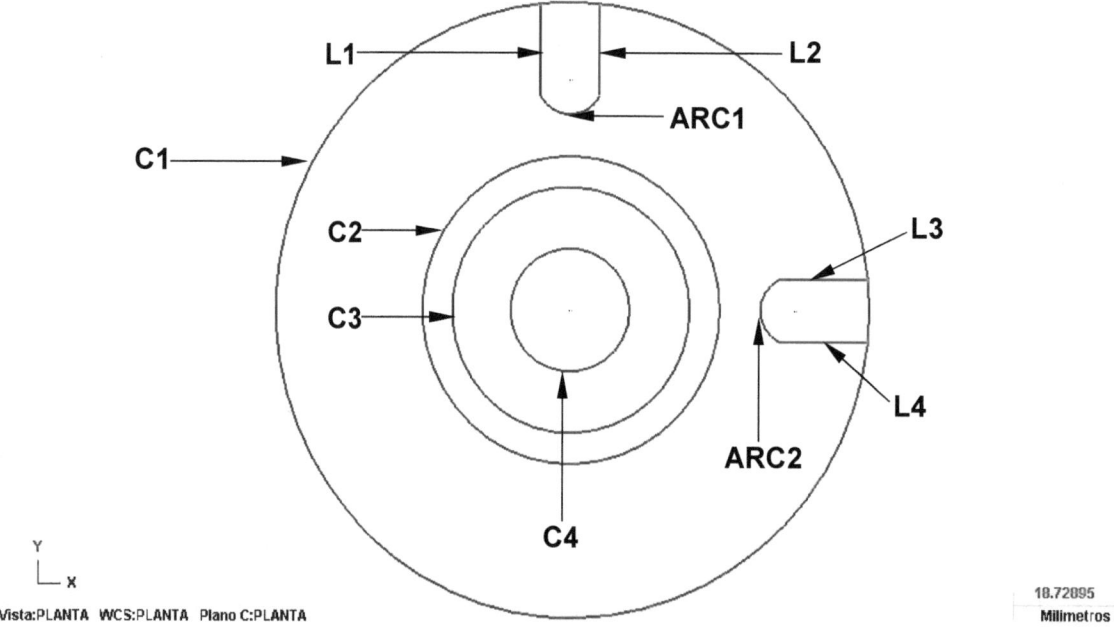

Figura 10. Entidades generadas.

Paso 4. Editar Espejo.

Seleccionar el icono Editar Espejo , posteriormente se seleccionan las entidades **L1, L2,** y **ARC1** como se muestra en la Fig. 61, teclea **Enter** para confirmar la operación, aparece un cuadro de diálogo (Fig. 62) activar la opción **Copiar** e introduce el valor del **"Eje Y 0.0"**. Para confirmar la acción espejo, dentro del Cuadro de diálogo Fig. 62, selecciona el icono **OK** . Para crear el segundo espejo se realiza el mismo procedimiento, elige las entidades **L3, L4 y ARC2** como se muestra en la Fig. 61, teclear **Enter** para confirmar la operación, aparece un cuadro de diálogo (Fig. 62) activar la opción copiar e introduce el valor del **"Eje X 0.0"**, selecciona el icono **OK** , para confirmar y finalizar la operación.

Figura 11. Cuadro de dialogo Espejo.

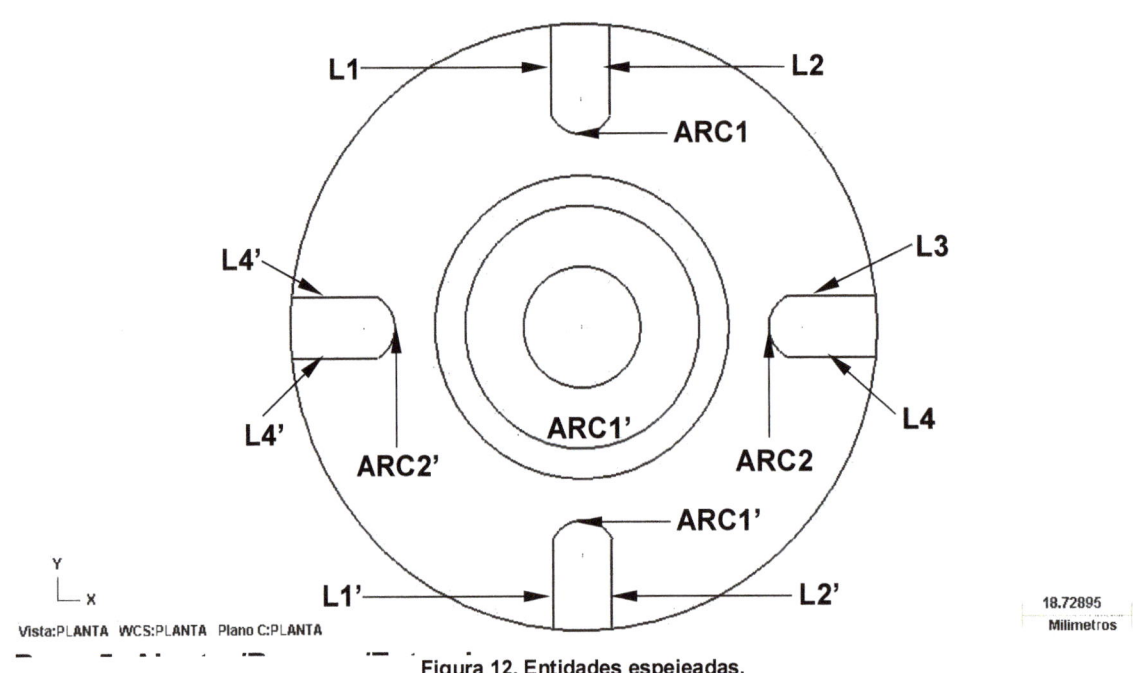

Figura 12. Entidades espejeadas.

Selecciona el icono **Ajustar/Romper/Extender**, se despliega una barra de iconos en la pantalla superior del área de trabajo, selecciona el icono **Ajustar 2 Entidades** posteriormente elige las entidades **P1**, **P2**, **P3** y **P4**, en los puntos señalados, como se muestra en la Fig. 64 y automáticamente se corta.

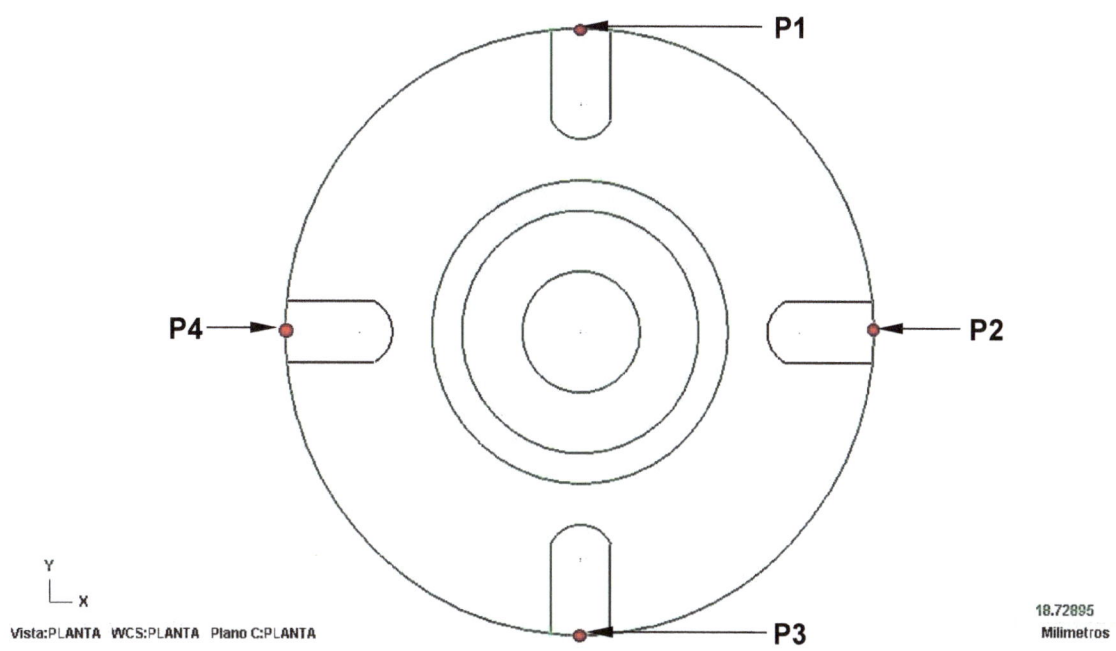

Figura 13. Selección de entidades a Dividir.

Paso 6. Editar Trasladar en Z

Seleccionar el icono **Vista Isométrica** seleccionar el icono **Ajustar a pantalla** posteriormente elige el icono **Editar Trasladar**, seleccionar las entidades a trasladar **B1, A1, B2, B3, A2** y **B4** y como se muestra en la Fig. 65, teclear **Enter** para confirmar la operación. En seguida aparecerá un cuadro de diálogo (Fig. 66), activar la opción **Copiar**, insertar el valor de **Z 20.0**, para confirmar el traslado de las entidades seleccionar el icono de **OK**.

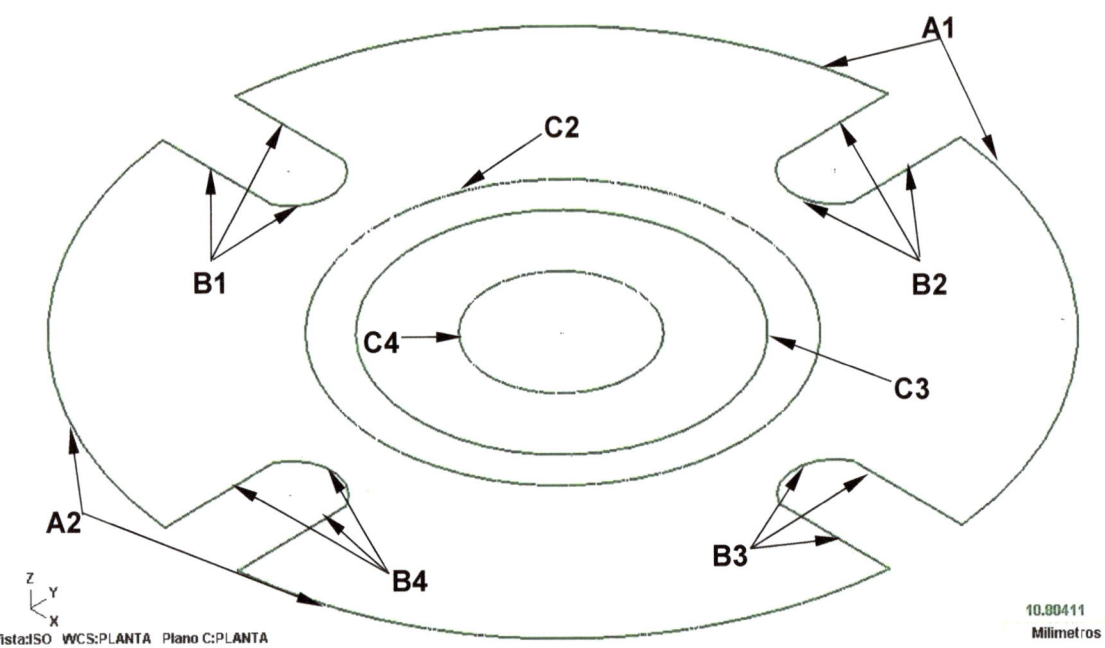

Figura 14. Selección de entidades a Trasladar.

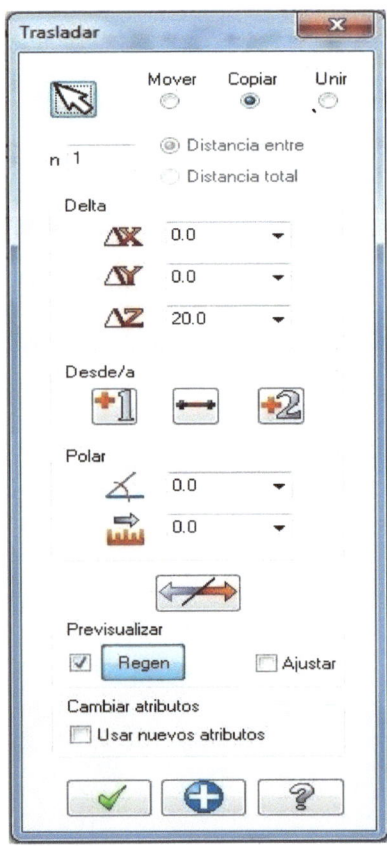

Figura 66. Cuadro de diálogo Trasladar.

Para continuar con el ***Traslado*** de la pieza (Fig. 65) se utiliza el mismo procedimiento, introduciendo los valores como se indica a continuación:

Tabla 3. Valores de las entidades a trasladar.

Entidad a Trasladar	Tipo de Traslado	Distancia en Z
C3, C4	Copiar	20
C2, C3	Copiar	50

Paso 7. Crear Triangulo.

Seleccionar el icono **Crear Línea Extremo**, introducir las coordenadas del punto inicial en el cuadro de diálogo "**X -31.64**", "**Y 38.71**", "**Z 0.0**" (Fig. 67), posteriormente introducir las coordenadas del punto final en el cuadro de diálogo "**X -13.78**", "**Y 20.86**", "**Z 50.0**" (Fig. 68), teclear **Enter** para confirmar la línea **L1** y finalizar la tarea.

Figura 67. Introducir las coordenadas del punto inicial como se muestra en el cuadro de diálogo.

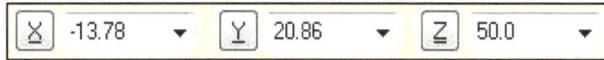

Figura 68. Introducir las coordenadas del punto final como se muestra en el cuadro de diálogo.

Continuando con la creación de *Líneas Extremo* se utiliza el mismo procedimiento, introduciendo los valores como se indica a continuación:

Tabla 4. Coordenadas líneas extremo.

Línea	Coordenadas Punto Inicial			Coordenadas Punto Final		
	X	Y	Z	X	Y	Z
L2	-31.64	38.71	20.0	-13.78	20.86	20.0
L3	-13.78	20.86	20.0	-13.78	20,86	50.0
L4	-38.71	31.64	20.0	-20.86	13.78	50.0
L5	-38.71	31.64	20.0	-20.86	13.78	20.0
L6	-20.86	13.78	20.0	-20.86	13.78	50.0

Paso 8. Editar Espejo.

Seleccionar el icono Editar Espejo , posteriormente elige las entidades **A1** y **A2** como se muestra en la Fig. 69, teclea **Enter** para confirmar la operación, aparece un cuadro de diálogo (Fig. 70) activar la opción **Copiar** e introduce el valor del **"Eje X 0.0"** para confirmar la acción espejo, dentro del Cuadro de diálogo Fig. 6, selecciona el icono **OK** . Para crear el segundo espejo se realiza el mismo procedimiento, elegir las entidades **A1**, **A2**, **E1 y E2** como se muestra en la Fig. 69, teclear **Enter** para confirmar la operación, aparece un cuadro de diálogo (Fig. 70) activar la opción copiar e introduce el valor del **"Eje Y 0.0"**, selecciona el icono **OK** , para confirmar y finalizar la operación.

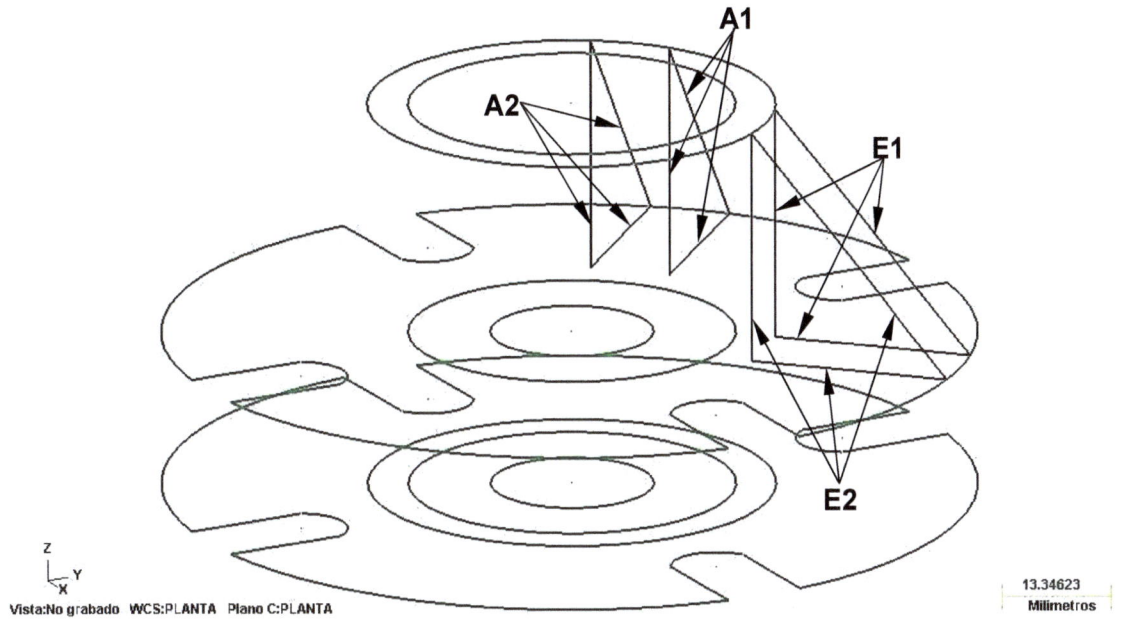

Figura 15. Selección de entidades a Trasladar.

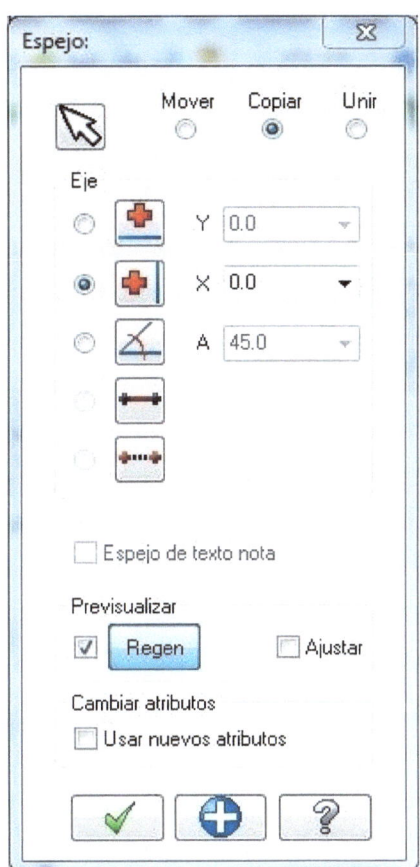

Figura 16. Cuadro de diálogo espejo.
Figura 70. Cuadro de diálogo Espejear.

Paso 9. Extrusión de la base.

Seleccionar en el menú de referencia la opción **Solidos**, se despliega un menú, elegir la opción **Extrusión**, aparecerá un cuadro de dialogo (Fig. 71), activa la opción **3D** y **Cadena**, seleccionar las entidades **C1** y **C2**, como se indica en la Fig. 72, teclear **Enter** para confirmar la operación, inmediatamente aparecerá un segundo cuadro de diálogo (Fig. 73), Activar la opción **Crear Cuerpo** y **Extender una distancia específica**, introducir el valor de **"Distancia 20.0"**, selecciona la opción **Invertir dirección**, posteriormente selecciona el icono de **OK**, para confirmar la extrusión de la figura.

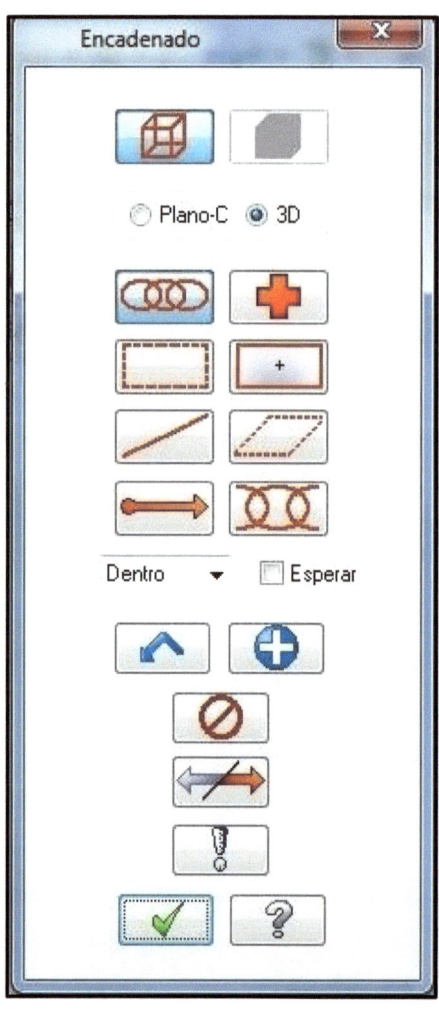

Figura 17. Cuadro de diálogo encadenado.

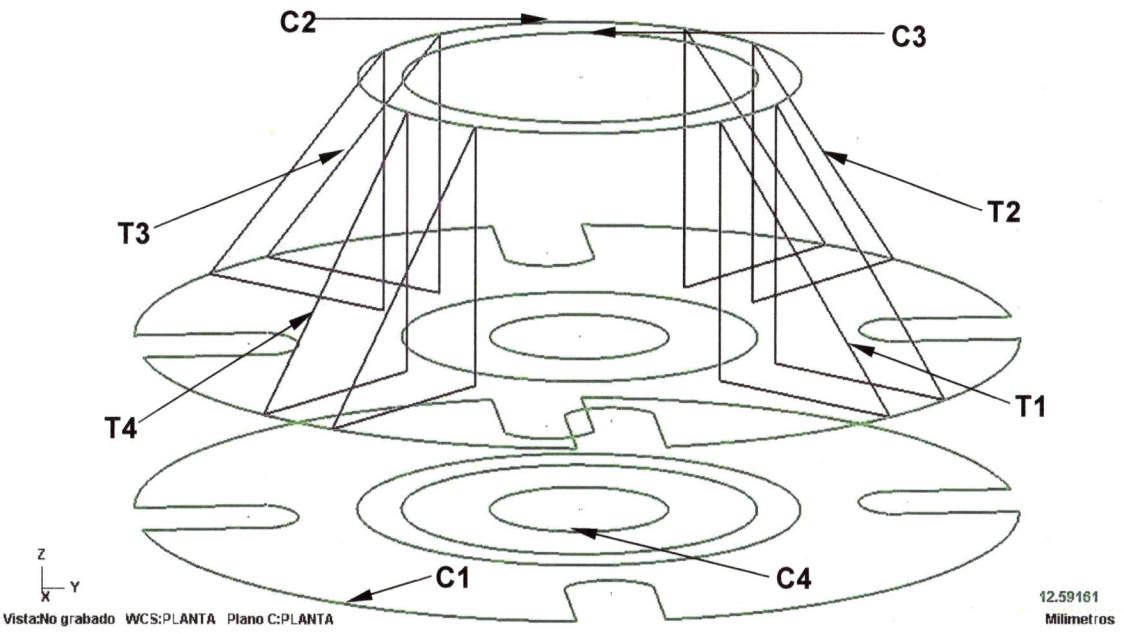

Figura 72. Selección de entidades a Extrusionar.

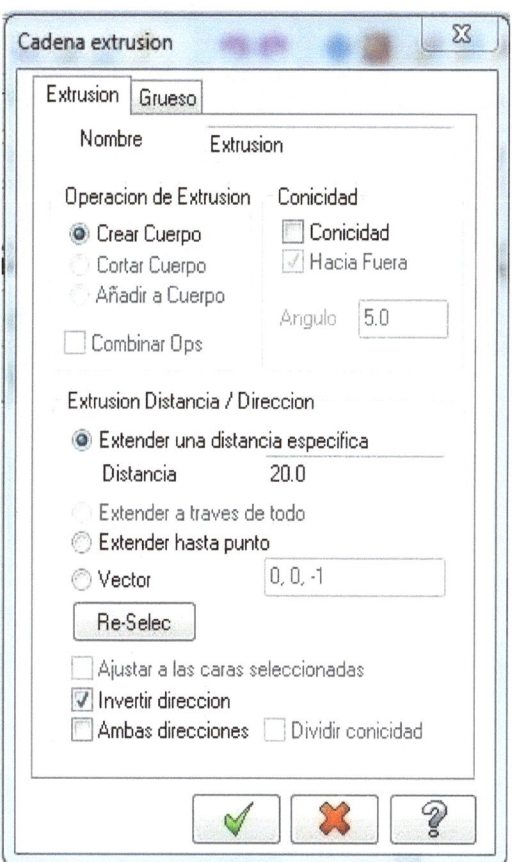

Figura 73. Cuadro de diálogo Cadena Extrusión.

Continuando con la *Extrusión* de la pieza (Fig. 72) se utiliza el mismo procedimiento, introduciendo los valores como se indica a continuación:

Tabla 5. Valores de las entidades a extrusionar.

Selección de Entidades	Distancia
T1, T2	10.0
T3, T4	10.0
C2, C3	30.0

Para observar la pieza solida (Fig. 74) selecciona el icono **Shade** y automáticamente la pieza se solidificara.

Figura 74. Visualización en 3D de la piza.

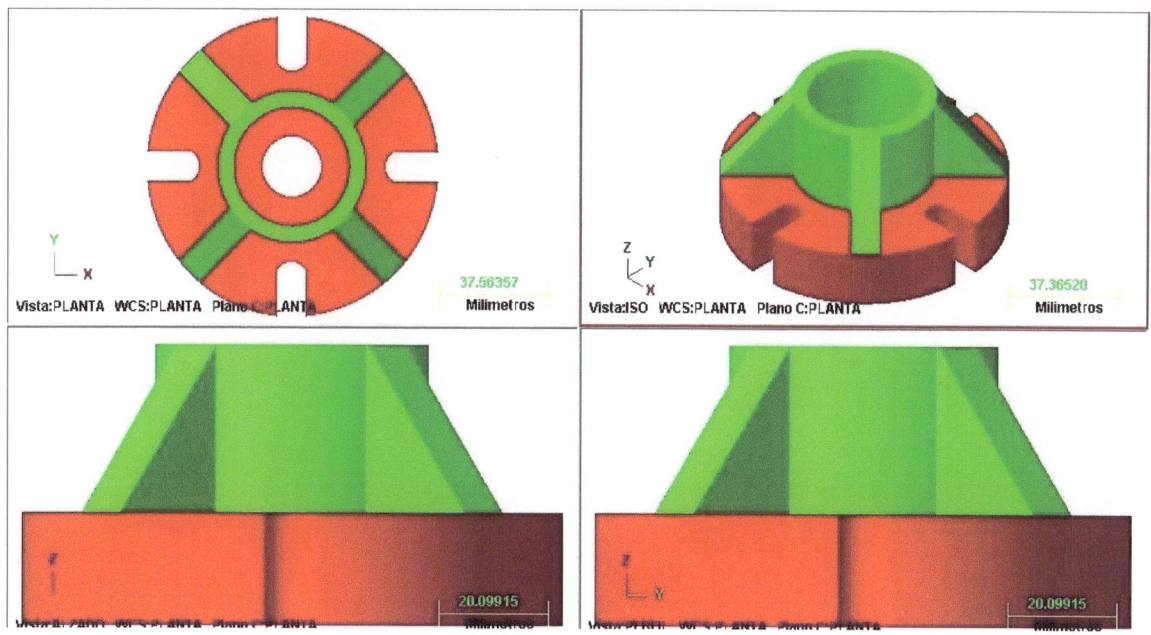

Figura 75. Visualización de la pieza en 4 tipos de vistas.

5.4.- Práctica 4. Marca Registrada Logo Warner Bros.

Paso 1. Crear Base.

Seleccionar en el menú de referencia la opción **Crear**, se despliega un menú, elegir la opción **Crear Rectángulo**, introducir las coordenadas en el cuadro de diálogo **"X 0.00", "Y 0.00", "Z 0.00"** (Fig. 76), posteriormente insertar los valores en el cuadro de diálogo **"Ancho 70.0", "Altura 70.0"** (Fig. 77), teclear **Enter** para confirmar el rectángulo **R1** y finalizar la tarea.

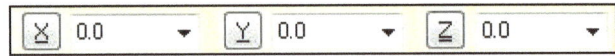

Figura 76. Introducir las coordenadas como se muestra en el cuadro de diálogo.

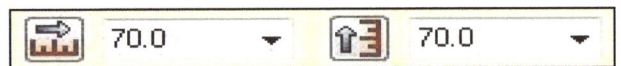

Figura 77. Introducir los valores como se muestra en el cuadro de diálogo.

Paso 2. Crear Arco 3 puntos.

Seleccionar en el menú de referencia la opción **Crear**, se despliega un menú, elegir la opción **Arco**, se despliega un submenú, seleccionar la opción **Crear Arco 3 Puntos**, posteriormente se introduce las coordenadas del primer punto **"X 35.0", "Y 3.0", "Z 0.0"**, se introducen las coordenadas del segundo punto, **"X 14.44769", "Y 25.23393", "Z 0.0"**, posteriormente se introducen las coordenadas del tercer y último punto **"X 5.0", "Y 54.0", "Z 0.0"** teclear **Enter** para confirmar el arco **ARC1**.

Para diseñar el arco **ARC2**, se realiza el mismo procedimiento pero con las siguientes coordenadas, para el primer punto introducir **"X 33.0", "Y 67.03687", "Z 0.0"**, posteriormente se introducen las coordenadas del segundo punto **"X 35.0", "Y 67. 03687", "Z 0.0"**, posteriormente se introducen las coordenadas del tercer y último punto **"X 37.0", "Y 66.70", "Z 0.0"** teclear **Enter** para confirmar el arco **ARC2**.

Paso 3. Crear Línea Extremo.

Seleccionar el icono **Crear Línea Extremo** , introducir las coordenadas del punto inicial en el cuadro de diálogo **"X 5.0", "Y 54.0", "Z 0.0"** (Fig. 78), posteriormente introducir las coordenadas del punto Z (Fig. 79).

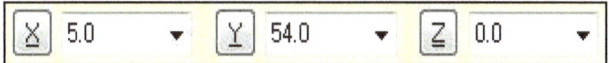

Figura 78. Introducir las coordenadas del punto inicial como se muestra en el cuadro de diálogo.

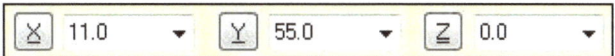

Figura 79. Introducir las coordenadas del punto final como se muestra en el cuadro de diálogo.

Continuando con la creación de *Líneas Extremo* se utiliza el mismo procedimiento, introduciendo los valores como se indica a continuación:

Tabla 1. Coordenadas líneas extremo.

Línea	Coordenadas Punto Inicial			Coordenadas Punto Final		
	X	Y	Z	X	Y	Z
L2	11.0	55.0	0.0	13.0	9.0	0.0
L3	13.0	9.0	0.0	19.0	60.0	0.0
L4	19.0	60.0	0.0	21.0	64.0	0.0
L5	21.0	64.0	0.0	33.0	66.7	0.0

Paso 4. Editar Espejo.

Seleccionar el icono Editar Espejo , posteriormente elegir las entidades **A1, A2,** y **A3** como se muestra en la Fig. 80, teclear **Enter** para confirmar la operación, aparece un cuadro de diálogo (Fig. 81) activar la opción **Copiar** e introduce el valor de en "**Y 35.0**", Selecciona el icono **OK** , para confirmar y finalizar la operación espejo.

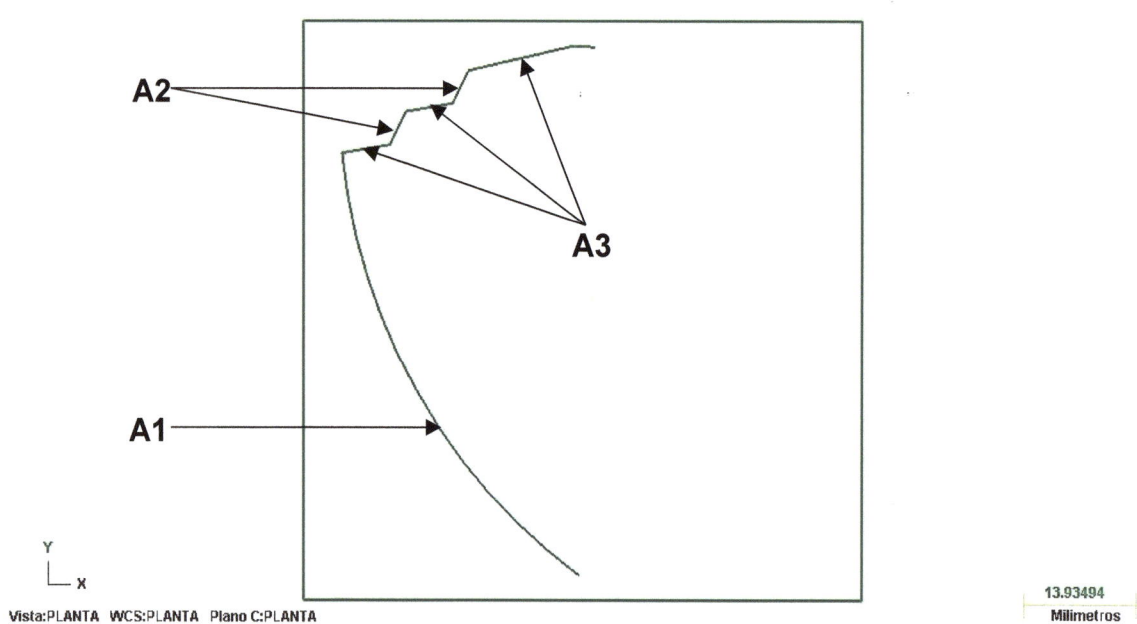

Figura 80. Selección de entidades a Espejear.

Figura 18. Cuadro de diálogo Espejo.

Paso 5. Crear Línea Extremo (Letra W).

Seleccionar el icono **Crear Línea Extremo**, introducir las coordenadas del punto inicial en el cuadro de diálogo **"X 24.0", "Y 27.0", "Z 0.0"** (Fig. 82), posteriormente introducir las coordenadas del punto final en el cuadro de diálogo **"X 21.12", "Y22.96", "Z 0.0"** (Fig. 83), teclear **Enter** para confirmar la línea **W1** y finalizar la tarea.

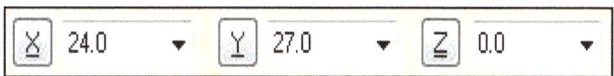

Figura 82. Introducir las coordenadas del punto inicial como se muestra en el cuadro de diálogo.

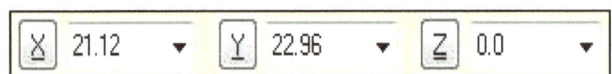

Figura 8319. Introducir las coordenadas del punto final como se muestra en el cuadro de diálogo.

Continuando con la creación de *Líneas Extremo* se utiliza el mismo procedimiento, introduciendo los valores como se indica a continuación:

Tabla 2. Coordenadas de las líneas extremo

Línea	Coordenadas Punto Inicial			Coordenadas Punto Final		
	X	Y	Z	X	Y	Z
W2	10.64	50.18	0.0	14.50	51.0	0.0
W3	20.67	29.18	0.0	22.0	31.0	0.0
W4	19.5	55.0	0.0	24.1	58.01	0.0
W5	28.5	26.0	0.0	28.5	60.0	0.0
W6	28.5	60.0	0.0	33.0	62.5	0.0
W7	33.0	62.5	0.0	33.0	9.0	0.0

Paso 6. Crear Arco 3 puntos (Letra W).

Seleccionar el icono **Crear Arco 3 Puntos**, posteriormente se introducir las coordenadas del primer punto "**X 33.0**", "**Y 9.0**", "**Z 0.0**", se introducen las coordenadas del segundo punto, "**X 27.5**", "**Y 17.35**", "**Z 0.0**", posteriormente se introducen las coordenadas del tercer y último punto "**X 24.0**", "**Y 27.0**", "**Z 0.0**" teclear **Enter** para confirmar el arco **AW1**.

Continuando con la creación de **Arcos 3 Puntos** se utiliza el mismo procedimiento, introduciendo los valores como se indica a continuación:

Tabla 3. Coordenadas arcos 3 puntos.

Arco	Coordenadas Primer Punto			Coordenadas Segundo Punto 2			Coordenadas Tercer punto 3		
	X	Y	Z	X	Y	Z	X	Y	Z
AW2	24.54	62.03	0.0	27.529085	45.324575	0.0	32.93	28.41	0.0
AW3	26.184	70.545	0.0	31.094721	48.412013	0.0	38.171	23.738	0.0
AW4	27.828	79.06	0.0	34.660357	51.499451	0.0	43.412	19.066	0.0
AW5	29.472	87.575	0.0	38.225993	54.586889	0.0	48.653	14.394	0.0

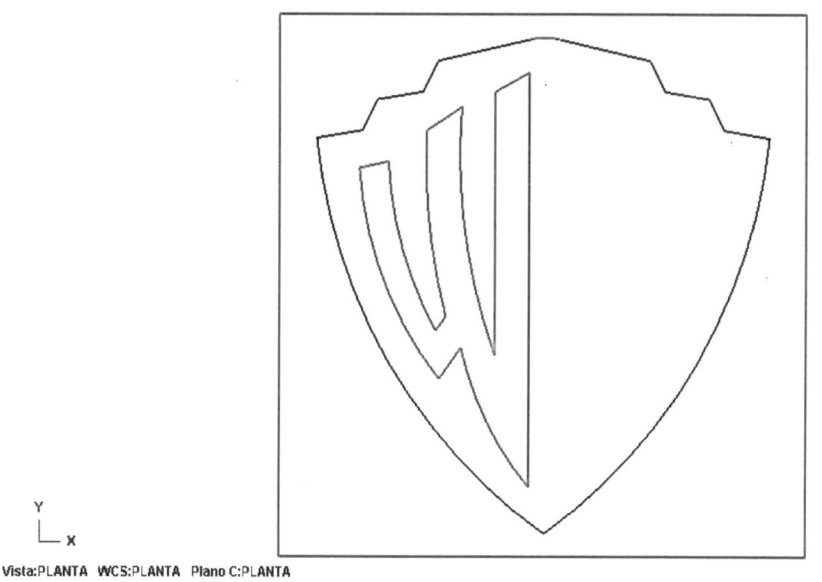

Figura 20. Resultado del diseño de líneas y arcos.

Paso 7. Crear Línea Extremo (Letra B)

Seleccionar el icono **Crear Línea Extremo** , introducir las coordenadas del punto inicial en el cuadro de diálogo "**X 37.0**", "**Y 9.0**", "**Z 0.0**", posteriormente introducir las coordenadas del punto final en el cuadro de diálogo "**X 37.0**", "**Y 62.5**", "**Z 0.0**", teclear **Enter** para confirmar la línea **B1** y finalizar la tarea.

Continuando con la creación de *Líneas Extremo* se utiliza el mismo procedimiento, introduciendo los valores como se indica a continuación:

Tabla 4. Coordenadas líneas extremo.

Línea	Coordenadas Punto Inicial			Coordenadas Punto Final		
	X	Y	Z	X	Y	Z
B2	40.92	18.32	0.0	40.97	39.05	0.0
B3	41.05	43.22	0.0	40.94	57.15	0.0

Paso 8. Crear Arco 3 puntos (Letra B).

Seleccionar el icono **Crear Arco 3 Puntos** , posteriormente se introducir las coordenadas del primer punto "**X 37.0** ", "**Y 62.5**", "**Z 0.0**", se introducen las coordenadas del segundo punto "**X 46.91484**", "**Y 58.33311**", "**Z 0.0**", posteriormente se introducen las coordenadas del tercer y último punto "**X 52.22**", "**Y 51.5**", "**Z 0.0**" teclear **Enter** para confirmar el arco **AB1**. Continuando con la creación de *Arcos 3 Puntos* se utiliza el mismo procedimiento, introduciendo los valores como se indica a continuación:

Tabla 5. Coordenadas arcos de 3 puntos.

Arco	Coordenadas Primer Punto			Coordenadas Segundo Punto			Coordenadas Tercer Punto		
	X	Y	Z	X	Y	Z	X	Y	Z
BW2	55.22	51.5	0.0	54.98949	44.89902	0.0	49.71	40.93	0.0
BW3	49.71	40.93	0.0	54.28675	38.09494	0.0	55.08	32.77	0.0
BW4	55.08	32.77	0.0	47.49101	19.78133	0.0	37.0	9.0	0.0
BW5	40.97	39.05	0.0	45.75	38.69	0.0	49.88765	35.5051	0.0
BW6	49.88765	35.5051	0.0	49.63	30.29	0.0	48.4	27.65	0.0
BW7	48.4	27.65	0.0	44.92929	22.76911	0.0	40.92	18.32	0.0
BW8	40.94	57.15	0.0	50.3	51.5	0.0	51.33	47.84	0.0
BW9	51.33	47.84	0.0	51.42617	46.46563	0.0	50.04	45.58	0.0
BW10	50.04	45.58	0.0	45.70053	43.80751	0.0	41.05	43.22	0.0

Paso 9. Editar Trasladar en Z

Seleccionar el icono **Vista Isométrica** elegir el icono **Ajustar a pantalla** posteriormente seleccionar el icono **Editar Trasladar** seleccionar las entidades a trasladar **B1** y **B2** como se muestra en la Fig. 85, teclear **Enter** para confirmar la operación. En seguida aparecerá un cuadro de diálogo (Fig. 86), activar la opción **Mover,** insertar el valor de **Z -5.0**, seleccionar el icono de **OK** para confirmar y finalizar la operación.

Figura 21. Selección de entidades a Trasladar.

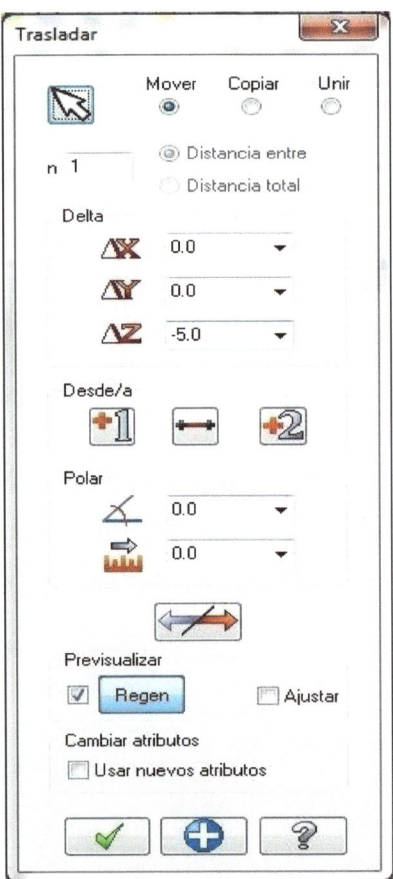

Figura 22. Cuadro de diálogo Trasladar.

Paso 11. Extrusión de la Pieza.

Seleccionar en el menú de referencia la opción **Solidos**, se despliega un menú, elegir la opción **Extrusión**, aparecerá un cuadro de dialogo (Fig. 87), activa la opción **3D** y **Cadena**, seleccionar las entidades **B1**, como se indica en la Fig. 88, teclear **Enter** para confirmar la operación, inmediatamente aparecerá un segundo cuadro de diálogo (Fig. 89), Activar la opción **Crear Cuerpo** y **Extender una distancia específica**, introducir el valor de **"Distancia 35.0"**, posteriormente selecciona el icono de **OK**, para confirmar la extrusión de la figura.

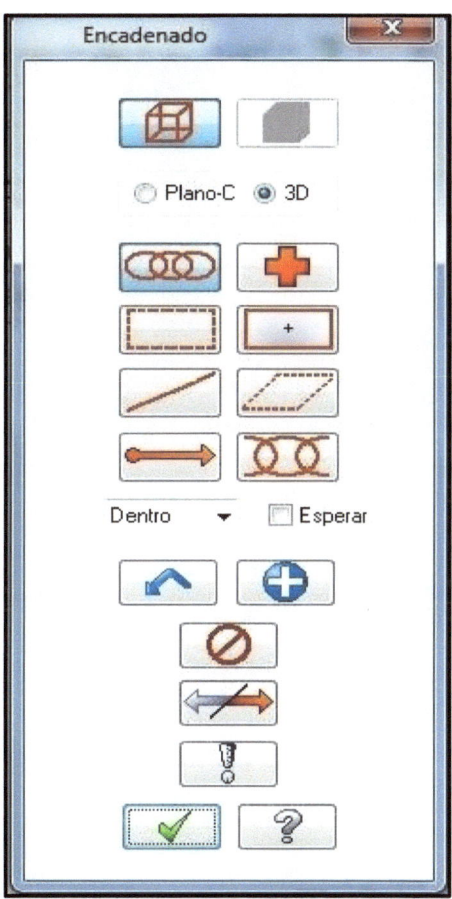

Figura 23. Cuadro de diálogo Encadenado.

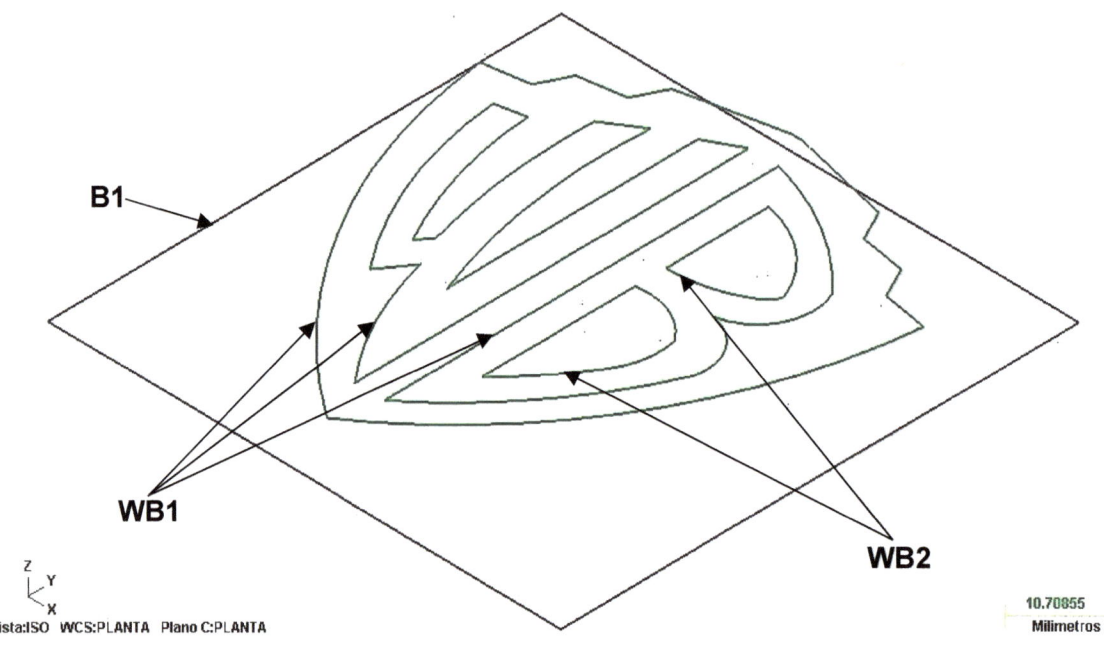

Figura 24. Selección de entidades.

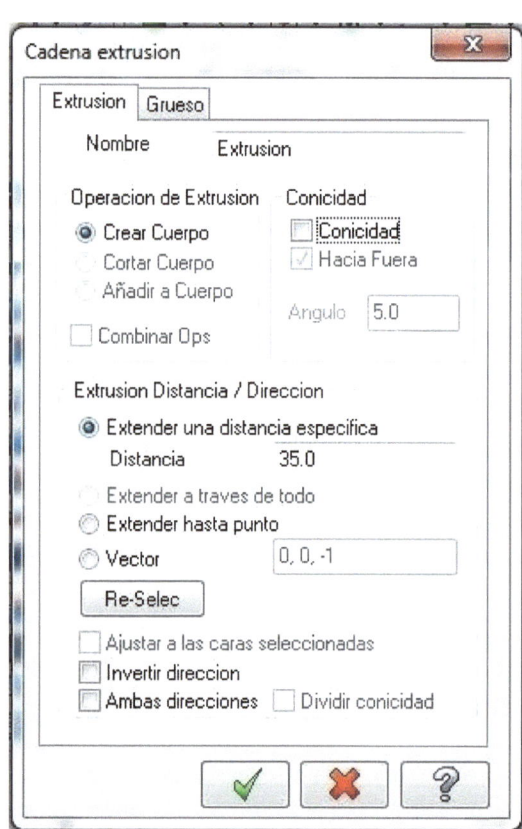

Figura 25. Cuadro de diálogo Cadena extrusión.

Continuando con la *Extrusión* de la pieza (Fig. 88) se utiliza el mismo procedimiento, introduciendo los valores como se indica a continuación:

Tabla 5. Valores de las entidades a extrusionar.

Selección de Entidades	Distancia
WB1, WB2	5.0

Para observar la pieza solida (Fig. 90) selecciona el icono **Shade**, y automáticamente la pieza se solidificara.

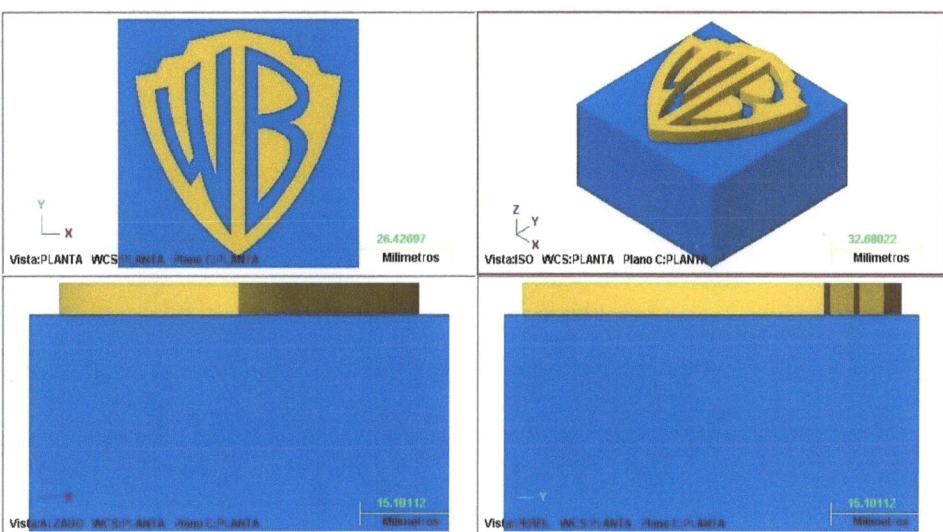

Figura 26. Visualización en 4 vistas del diseño en 3D.

Paso 7. Booleana Añadir.

Seleccionar en el menú de referencia la opción **Solidos**, se despliega un menú, elegir la opción **Booleana Añadir**, seleccionar las caras de las entidades **B1, B2, B3 y B4** como se indica en la Fig. 91, teclear **Enter** para confirmar y finalizar la operación Booleana.

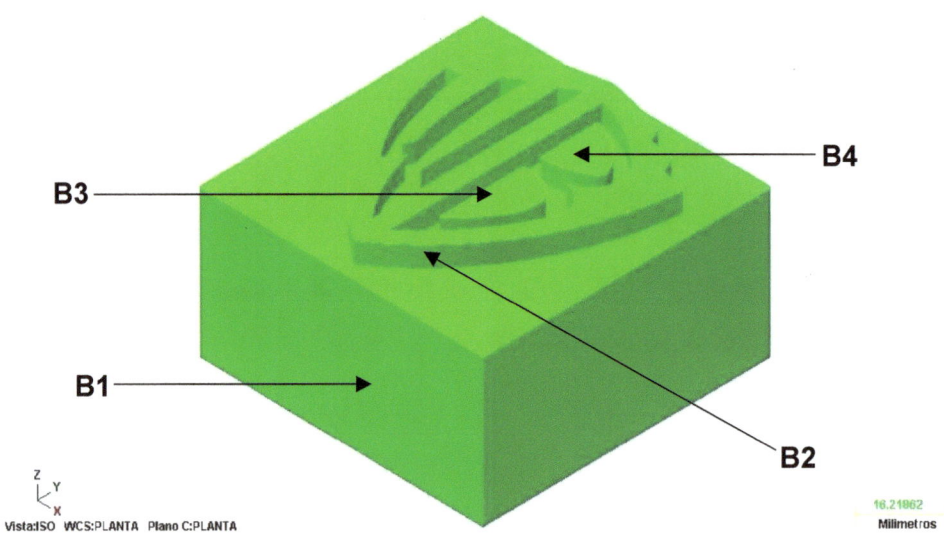

Figura 27. Selección de las entidades a aplicar Booleana.

5.5.- Practica 5. Marca Registrada Logo Hartford Whalers.

Paso 1. Crear Base (Billet).

Seleccionar en el menú de referencia la opción **Crear**, se despliega un menú, elegir la opción **Crear Rectángulo**, introducir las coordenadas en el cuadro de diálogo **"X 0.00"**, **"Y 0.00"**, **"Z 0.00"** (Fig. 92), posteriormente insertar los valores en el cuadro de diálogo **"Ancho 70.0"**, **"Altura 70.0"** (Fig. 93), teclear **Enter** para confirmar el rectángulo **R1** y finalizar la tarea.

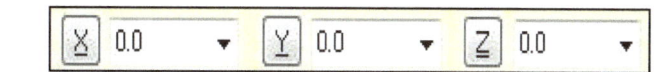

Figura 28. Introducir las coordenadas como se muestra en el cuadro de diálogo.

Figura 29. Introducir los valores como se muestra en el cuadro de diálogo.

Paso. 2 Crear Línea Extremo (Base)

Seleccionar el icono **Crear Línea Extremo**, introducir las coordenadas del punto inicial en el cuadro de diálogo **"X 3.0"**, **"Y 22.0"**, **"Z 0.0"** (Fig. 124), posteriormente insertar los valores en el cuadro de diálogo **"Longitud 33.36995"**, **"Ángulo 90.0"** (Fig. 125), teclear **Enter** para confirmar la línea **L1** y finalizar la tarea.

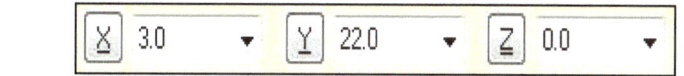

Figura 30. Introducir los valores como se muestra en el cuadro de diálogo.

Figura 31. Introducir los valores como se muestra en el cuadro de diálogo.

Continuando con la creación de **Líneas Extremo** se utiliza el mismo procedimiento, introduciendo los valores como se indica a continuación:

Tabla 1. Coordenadas línea extremo.

Línea	Coordenadas			Longitud	Ángulo
	X	Y	Z		
L2	11.5	61.0	0.0	3.5	90.0
L3	14.0	59.5	0.0	16.0	0.0

Paso 2. Crear Arco 3 puntos (Base)

Seleccionar en el menú de referencia la opción **Crear**, se despliega un menú, seleccionar la opción **Arco**, se despliega un submenú, seleccionar la opción **Crear Arco 3 Puntos**, posteriormente se introducir las coordenadas del primer punto "**X 3.0**", "**Y 22.0**", "**Z 0.0**", se introducen las coordenadas del segundo punto, "**X 15.06828**", "**Y 6.13656**", "**Z 0.0**", posteriormente se introducen las coordenadas del tercer y último punto "**X 35.0**", "**Y 6.0**", "**Z 0.0**" teclear **Enter** para confirmar el arco **ACR1**.

Continuando con la creación de *Arcos 3 Puntos* se utiliza el mismo procedimiento, introduciendo los valores como se indica a continuación:

Tabla 2. Coordenadas arcos 3 puntos.

Arco	Coordenadas Primer punto			Coordenadas Segundo punto			Coordenadas Tercer punto		
	X	Y	Z	X	Y	Z	X	Y	Z
ACR2	3.0	55.36995	0.0	6.08469	61.01986	0.0	11.5	64.5	0.0
ACR3	11.5	61.0	0.0	12.52064	59.86773	0.0	14.0	59.5	0.0
ACR4	30.0	59.5	0.0	32.67321	58.93303	0.0	35.0	57.5	0.0

Paso 3. Editar Espejo.

Seleccionar el icono **Editar Espejo**, posteriormente elegir las entidades **E1, E2,** y **E3** como se muestra en la Fig. 96, teclea **Enter** para confirmar la operación, aparece un cuadro de diálogo (Fig. 97) activar la opción **Copiar** e introduce el valor del "**Eje X 35.0**", para confirmar la acción espejo, dentro del cuadro de diálogo Fig. 6, elegir el icono **OK**.

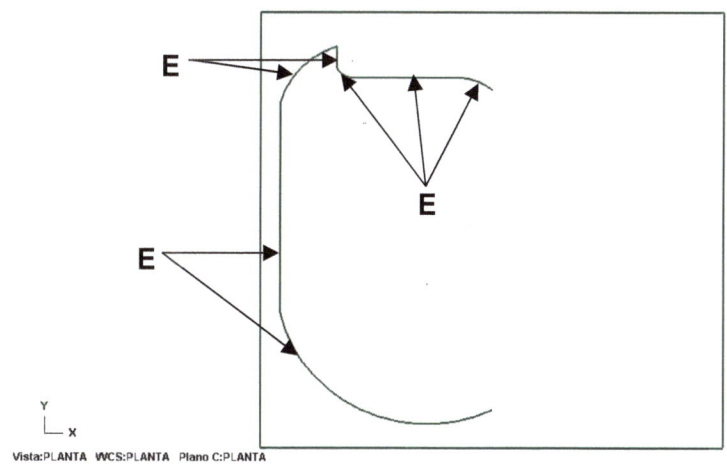

Figura 32. Selección de entidades a Espejear.

Figura 33. Cuadro de diálogo Espejo.

Paso 4. Crear Línea Extremo (W)

Seleccionar el icono **Crear Línea Extremo**, introducir las coordenadas del punto inicial en el cuadro de diálogo **"X 7.0"**, **"Y 23.0"**, **"Z 0.0"** (Fig. 98), posteriormente insertar los valores en el cuadro de diálogo **"Longitud 21.0"**, **"Ángulo 90.0"** (Fig. 99), teclear **Enter** para confirmar la línea **W1** y finalizar la tarea.

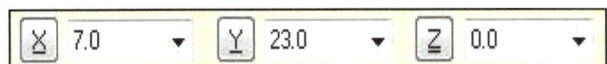

Figura 34. Introducir los valores como se muestra en el cuadro de diálogo.

Figura 35. Introducir los valores como se muestra en el cuadro de diálogo.

Continuando con la creación de *Líneas Extremo* se utiliza el mismo procedimiento, introduciendo los valores como se indica a continuación:

Tabla 3. Coordenadas líneas extremo.

Línea	Coordenadas			Longitud	Ángulo
	X	Y	Z		
W2	16.0	18.0	0.0	20.0	90
W3	16.0	18.0	0.0	14.0	0
W4	30.0	18.0	0.0	13.0	90
W5	30.0	31.0	0.0	5.0	0

Paso 5. Crear Arco 3 puntos (W).

Seleccionar en el menú de referencia la opción **Crear**, se despliega un menú, elegir la opción **Arco**, se despliega un submenú, seleccionar la opción **Crear Arco 3 Puntos**, posteriormente se introducir las coordenadas del primer punto "**X 7.0**", "**Y 23.0**", "**Z 0.0**", se introducen las coordenadas del segundo punto, "**X 17.65237**", "**Y 9.18887**", "**Z 0.0**", posteriormente se introducen las coordenadas del tercer y último punto "**X 35.0**", "**Y 11.0**", "**Z 0.0**" teclear **Enter** para confirmar el arco **AW1**.

Continuando con la creación de **Arcos 3 puntos** se utiliza el mismo procedimiento, introduciendo los valores como se indica a continuación:

Tabla 4. Coordenadas arcos 3 puntos.

Arco	Coordenadas Primer Punto			Coordenadas Segundo Punto			Coordenadas Tercer Punto		
	X	Y	Z	X	Y	Z	X	Y	Z
AW2	7.0	44.0	0.0	8.91135	42.82269	0.0	11.0	42.0	0.0
AW3	11.0	42.0	0.0	14.01252	40.64065	0.0	16.0	38.0	0.0

Paso 6. Editar Espejo (W).

Seleccionar el icono **Editar Espejo**, posteriormente elegir las entidades **EW1**, **EW2**, **EW3** y **EW4** como se muestra en la Fig. 100, teclea **Enter** para confirmar la operación, aparece un cuadro de diálogo (Fig. 101) activar la opción **Copiar** e introduce el valor del "**Eje X 35.0**", para confirmar la acción espejo, dentro del Cuadro de diálogo Fig. 10, selecciona el icono **OK**.

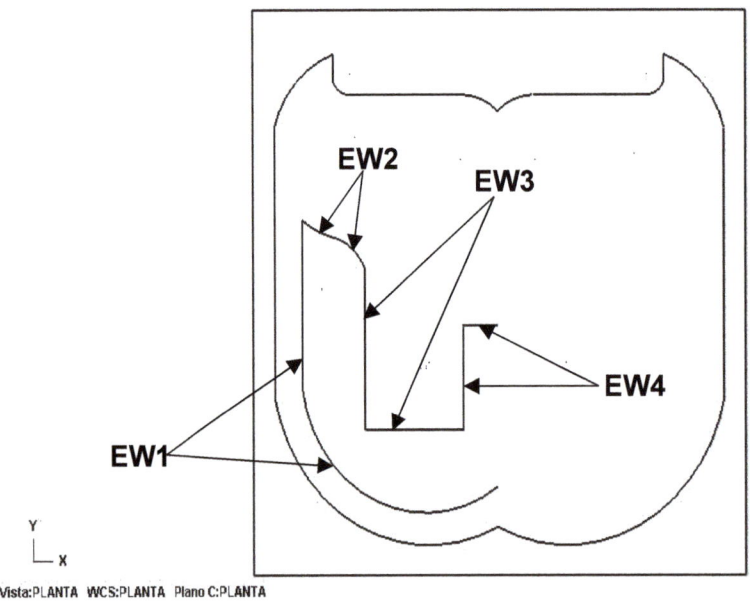

Figura 100. Selección de entidades a Espejear

Figura 36. Cuadro de diálogo Espejo

Paso 7. Crear Línea Extremo (T).

Seleccionar el icono **Crear Línea Extremo**, introducir las coordenadas del punto inicial en el cuadro de diálogo **"X 30.0", "Y 38.0", "Z 0.0"** (Fig. 102), posteriormente insertar los valores en el cuadro de diálogo "**Longitud 5.0**", "**Ángulo 0.0**" (Fig. 103), teclear **Enter** para confirmar la línea **T1** y finalizar la tarea.

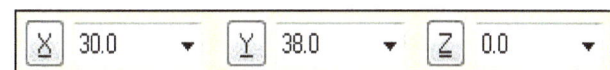

Figura 37. Introducir los valores como se muestra en el cuadro de diálogo.

Figura 38. Introducir los valores como se muestra en el cuadro de diálogo.

Continuando con la creación de *Líneas Extremo* se utiliza el mismo procedimiento, introduciendo los valores como se indica a continuación:

Tabla 5. Coordenadas línea extremo.

Línea	Coordenadas			Longitud	Ángulo
	X	Y	Z		
T2	11.0	55.0	0.0	19.0	90.0

Paso 8. Crear Arco 3 puntos (T).

Seleccionar en el menú de referencia la opción **Crear**, se despliega un menú, elegir la opción **Arco**, se despliega un submenú, seleccionar la opción **Crear Arco 3 Puntos**, posteriormente se introducir las coordenadas del primer punto "X 30.0", "Y 38.0", "Z 0.0", se introducen las coordenadas del segundo punto, "X 28.63814", "Y 42.31296", "Z 0.0", posteriormente se introducen las coordenadas del tercer y último punto "X 25.0", "Y 45.0", "Z 0.0" teclear **Enter** para confirmar el arco **AT1**.

Continuando con la creación de *Arcos 3 puntos* se utiliza el mismo procedimiento, introduciendo los valores como se indica a continuación:

Tabla 6. Coordenadas arcos 3 punto.

Arco	Coordenadas Primer Punto			Coordenadas Segundo Punto			Coordenadas Tercer Punto		
	X	Y	Z	X	Y	Z	X	Y	Z
AT2	25.0	45.0	0.0	20.04164	46.63878	0.0	15.0	48.0	0.0
AT3	15.0	48.0	0.0	10.94224	50.03835	0.0	7.5	53.0	0.0
AT4	7.5	53.0	0.0	6.93346	55.88596	0.0	9.0	58.0	0.0
AT5	9.0	58.0	0.0	9.40165	56.1011	0.0	11.0	65.0	0.0
AT6	11.0	65.0	0.0	33.0168	53.98829	0.0	35.0	51.5	0.0

Paso 9. Editar Espejo.

Seleccionar el icono **Editar Espejo** , posteriormente elegir las entidades **ET1, ET2** y **ET3** como se muestra en la Fig. 104, teclea **Enter** para confirmar la operación, aparece un cuadro de diálogo (Fig. 105) activar la opción **Copiar** e introduce el valor del "**Eje X 35.0**", para confirmar la acción espejo, dentro del Cuadro de diálogo Fig. 105, selecciona el icono **OK** .

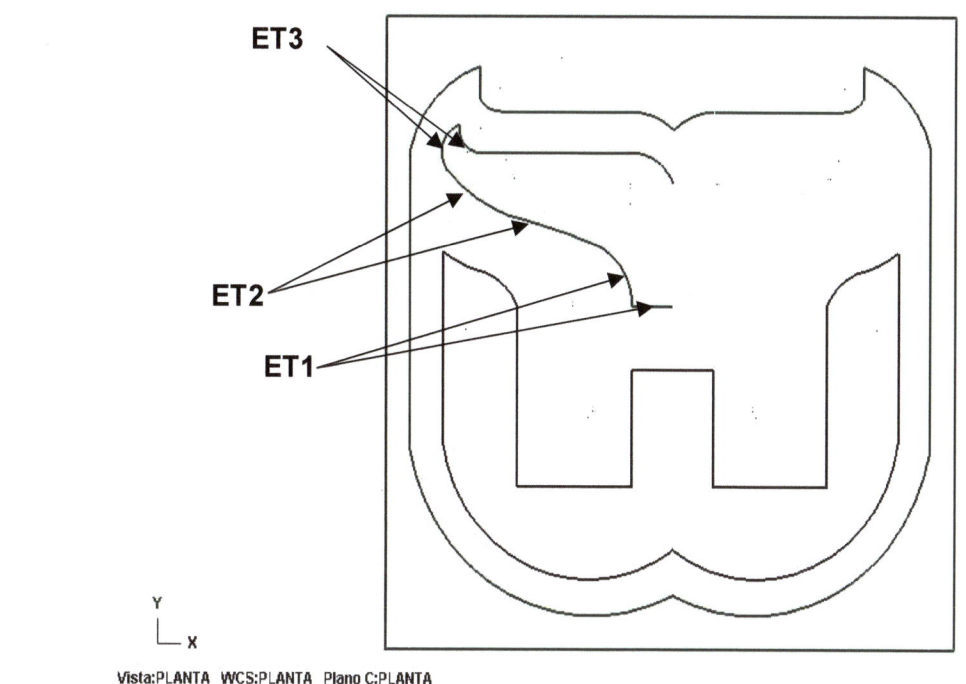

Figura 39.Selección de entidades a Espejear.

Figura 105. Cuadro de diálogo Espejo

Paso 10. Editar Trasladar en Z.

Seleccionar el icono **Vista Isométrica** elegir el icono **Ajustar a pantalla**, posteriormente seleccionar el icono **Editar Trasladar**, elegir las entidades a trasladar **B1** y **B2** como se muestra en la Fig. 106, teclear **Enter** para confirmar la operación. En seguida aparecerá un cuadro de diálogo (Fig. 107), activar la opción **Copiar,** insertar el valor de **Z -6.0**, seleccionar el icono de **OK** para confirmar y finalizar la operación. Realiza el mismo procedimiento para las entidades **H1, H2, H3, H4, H5** e inserta el valor en **Z – 3.0**.

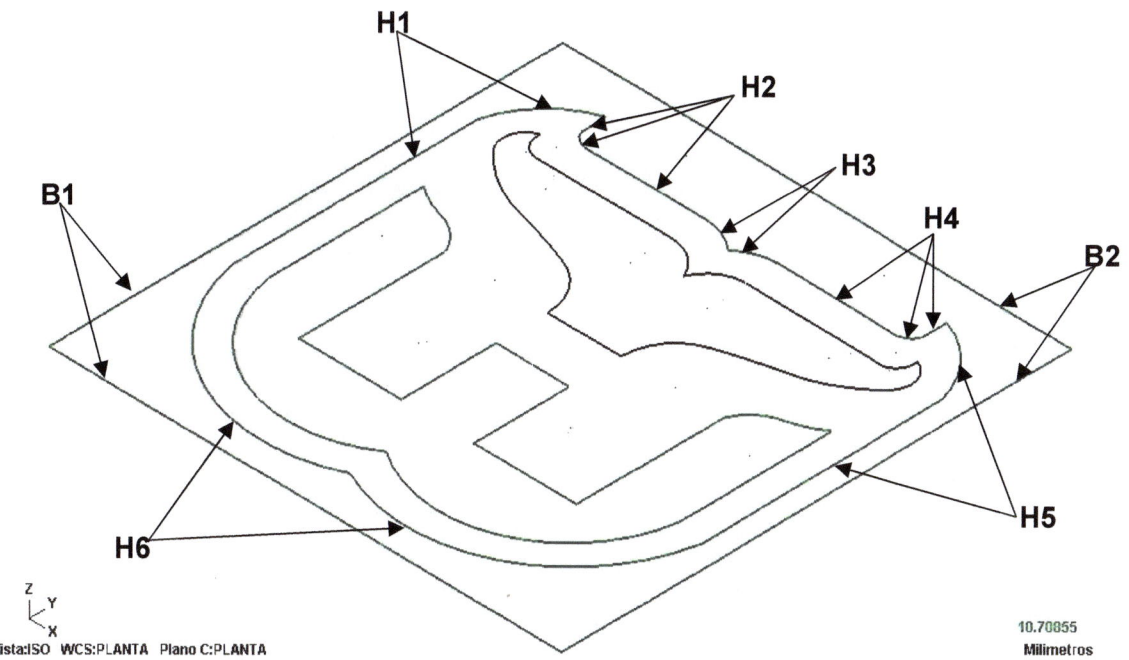

Figura 106. Selección de entidades a trasladar.

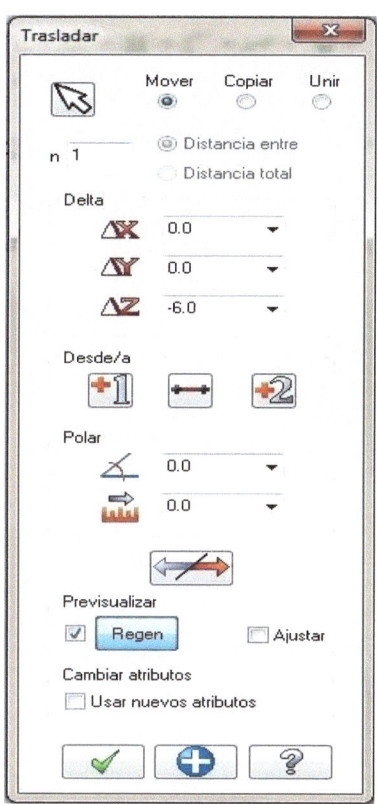

Figura 41. Cuadro de diálogo Trasladar.

101

Paso 11. Extrusión de la Pieza.

Seleccionar en el menú de referencia la opción **Solidos**, se despliega un menú, elegir la opción **Extrusión**, aparecerá un cuadro de dialogo (Fig. 108), activa la opción **3D** y **Cadena**, seleccionar las entidades **B1**, como se indica en la Fig. 109, teclear **Enter** para confirmar la operación, inmediatamente aparecerá un segundo cuadro de diálogo (Fig. 110), Activar la opción **Crear Cuerpo** y **Extender una distancia específica**, introducir el valor de **"Distancia 34.0"**, posteriormente elige el icono de **OK**, para confirmar la extrusión de la figura.

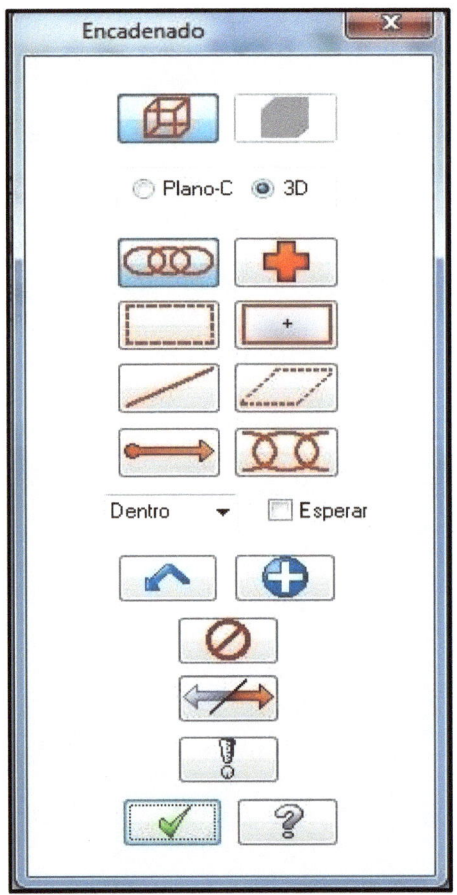

Figura 42. Cuadro de diálogo encadenado.

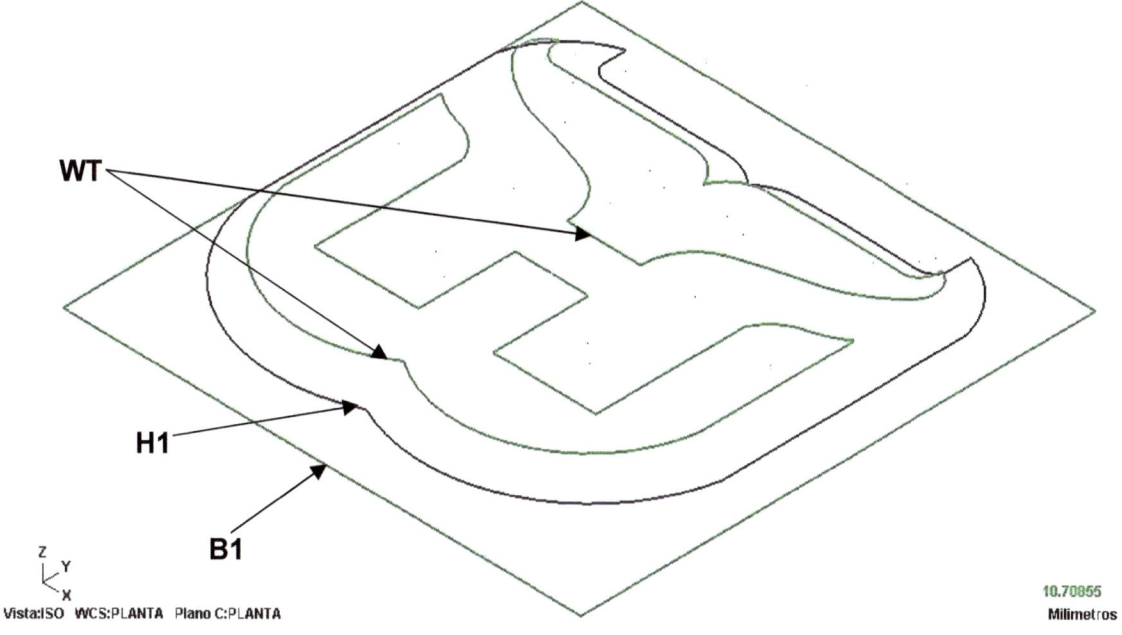

Figura 43. Selección de Entidades.

Figura 44. Cuadro de diálogo Cadena Extrusión

Continuando con la *Extrusión* de la pieza (Fig. 109) se utiliza el mismo procedimiento, introduciendo los valores como se indica a continuación:

Tabla 7. Valores de las entidades a extrusionar.

Selección de Entidades	Distancia
H1	3.0
WT	3.0

Para observar la pieza solida (Fig. 111) selecciona el icono **Shade** , y automáticamente la pieza se solidificara.

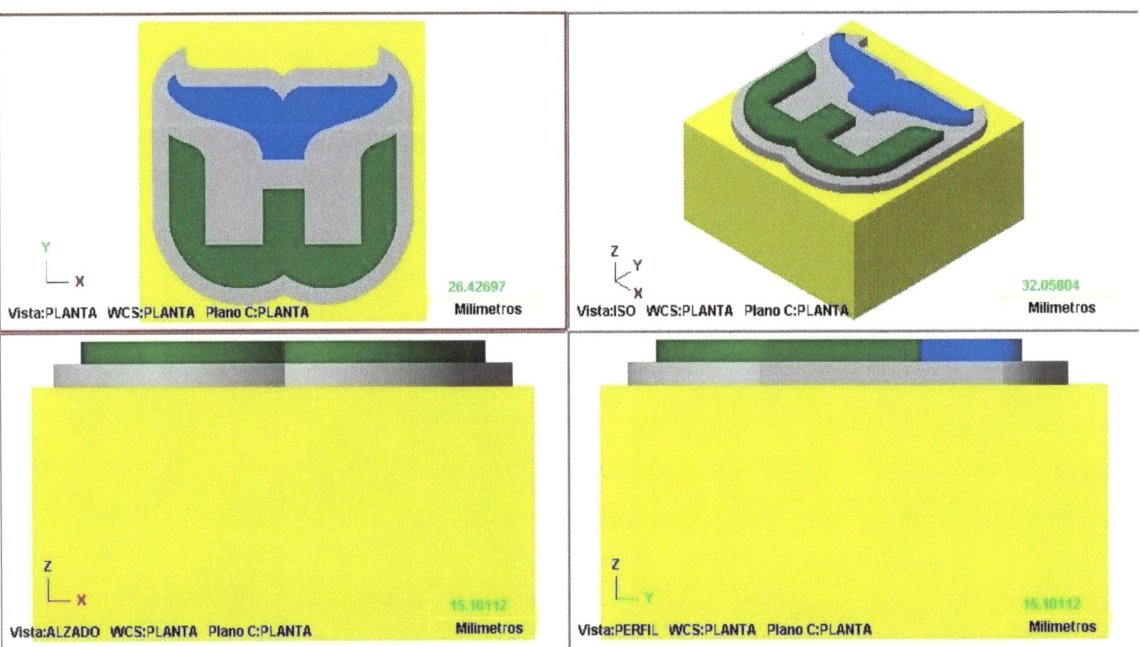

Figura 111. Visualización en 4 vistas del diseño en 3D.

Paso 12. Booleana Añadir.

Seleccionar en el menú de referencia la opción **Solidos**, se despliega un menú, elegir la opción **Booleana Añadir**, seleccionar las caras de las entidades **B1**, **B2**, **B3 y B4** como se indica en la Fig. 112, teclear **Enter** para confirmar y finalizar la operación Booleana.

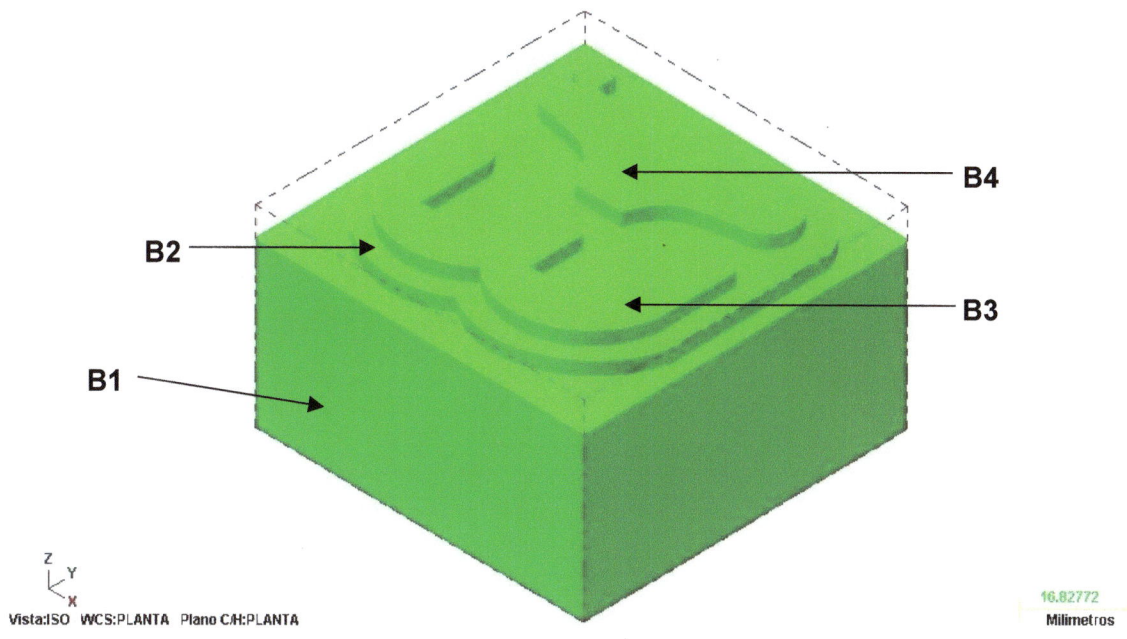

Figura 45. Selección de entidades a aplicar Booleana.

www.ingramcontent.com/pod-product-compliance
Lightning Source LLC
Chambersburg PA
CBHW051020180526
45172CB00002B/412